JN117793

—Word・Excel・PowerPoint—

Office活用 情報基礎演習

〔改訂版〕

福田完治 編

福田完治／治部哲也／森際孝司／嶋崎恒雄／宇惠 弘 共著

ムイスリ出版

まえがき

スマートフォンがすっかり身近になりました。みなさんも子供のころから、スマートフォンあるいはタブレット端末を通じてインターネットに慣れ親しんできたことでしょう。一方で、大学生になると、コンピュータを使う機会は飛躍的に増えるはずです。大きな画面を有効に使って、複数のアプリケーションを開き、キーボードから速く正確に文章やデータを入力する必要がでてくるでしょう。

そんなときのために、この本では、コンピュータを道具として使いこなすための基礎知識を紹介しています。全15回の授業を想定して、13のレッスンを用意しました。Lesson 1は授業を進めるうえでの基本操作の確認、Lesson 2から12が実習になります。Lesson 13は応用問題です。スケジュールに合わせて活用してください。

Word（Lesson2～5）では、文書を効率的に作成するために役立つ技術を解説します。これから必要になりそうな書類を意識して練習しましょう。Lesson 6はインターネット関連の話題です。Web利用と電子メールについて簡単にまとめてあります。Excel（Lesson7～10）は調査や実験のデータ処理、さらにビジネスソフトとしても必須のアプリケーションです。値の入力から計算へ、そして効果的な結果の提示までを学びます。最後はPowerPoint（Lesson11・12）です。自分の考えや調査結果を発表する、その準備から本番までの流れを確認します。

以上のレッスンを通して、1つひとつの操作の意味を理解し「どんな場面でどんな操作が最適なのか」という知識と感覚を身につけてください。

改訂にあたり、用語や図表をMicrosoft 365アプリに合わせました。365の各アプリは、デバイスによって少しずつ使い勝手が異なるでしょうし、大学のPC教室に行けば、サブスクリプションではない Office を使うことになるでしょう。異なる環境で滞りなく作業できることも必要な技術なので、しっかりと練習してください。

2024年3月

編者

目次

Lesson 1　授業の準備

コンピュータの環境を知る

1.1 Windows を開始する

(1) サインイン

Windows を使い始めるときはサインインします。大学で使用するなら、与えられたユーザー名とパスワードの入力を要求されるでしょう。パスワードは画面に表示されません。大文字と小文字の違いに気をつけて入力してください。

サインインするとデスクトップ画面が表示されます。デスクトップにはいくつかのアイコンとタスクバーがあります。使用するアプリケーション（以下、アプリ）は、タスクバー中央のスタートアイコンをクリックして、スタートメニューを開き、選びます。最初は登録された（「ピン留めされた」といいます）アプリのアイコンだけが表示されますが、［すべてのアプリ］を選ぶとインストールされている全アプリを選択することができます。

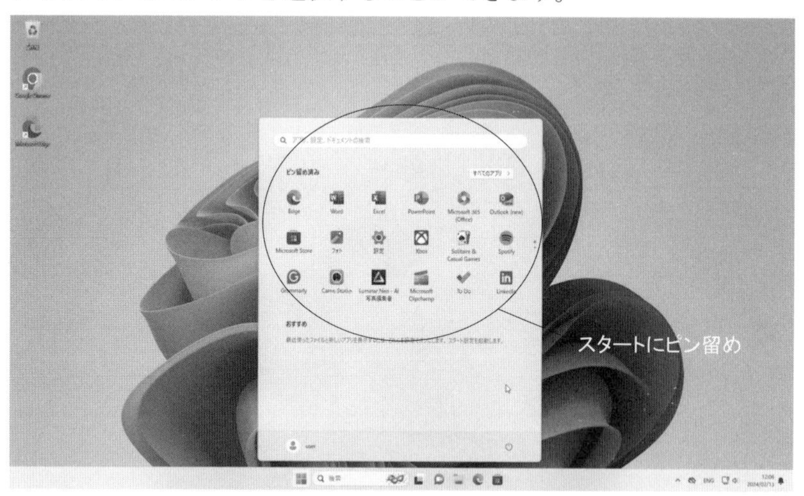

図1.1　デスクトップとスタートメニュー

(2) ファイルの保存

大学ではファイルの保存先として、実際に使っているコンピュータのハードディスクドライブではなく、ファイルサーバ（以下、サーバ）と呼ばれるネットワーク上の記憶装置を指定します。サーバに保存することで、ネットワークを介してさまざまな場所から、常に同じ保存スペースを利用できます。

Windows 環境では、サーバをはじめそれぞれの記憶装置（ドライブ）に識別用のアルファベット（ドライブ文字）を付けて管理しています（例：Z ドライブ）。この名称は大学によって異なるので、自身の環境を確認しておきましょう。

さらに近年では利用者用クラウドストレージ（ネット上の保存領域）として Microsoft OneDrive（以下、OneDrive）が利用できるケースが増えています。ファイルの場所を意識して使い分けましょう。

(3) ファイルの移動とコピー

自宅と大学間でファイルをやりとりする手段としては、OneDrive をはじめとするクラウドストレージに保存する以外に、USB メモリに保存して持ち運ぶ、電子メールに添付しておいて、PC・スマートフォン・タブレットといったほかの電子機器（以下、デバイス）で受信する、などがあげられます。

ところで、OneDrive で常に同一のファイルにアクセスし続ける場合を除けば、ユーザーはファイルの移動・コピーについて理解しておく必要があります。ファイルを別の場所に移す場合、「デスクトップから［ドキュメント］フォルダ」、「［ダウンロード］フォルダから［ドキュメント］フォルダ」、「デスクトップから OneDrive フォルダ」のように同一デバイス内で行う操作は、「移動」になります。

これに対し、異なるデバイスに移すときは原則として「コピー」になります。すなわち、元の場所に元のファイルが残った状態で、移動先に同じファイルが複製されることになります。コンピュータから USB メモリへファイルを移すのはこれにあたります。OneDrive へのアップロードも同様の扱いになります。移動先に同じ名前のファイルがあるときは、移動をキャンセルするのか、上書きしてよいのか、ファイル名を少し変更して両方を残すのか、という選択が必要になります。場合に応じて慎重に対処してください（図 1.2)。なお、OneDrive についての詳細は Lesson 6 を参照してください。

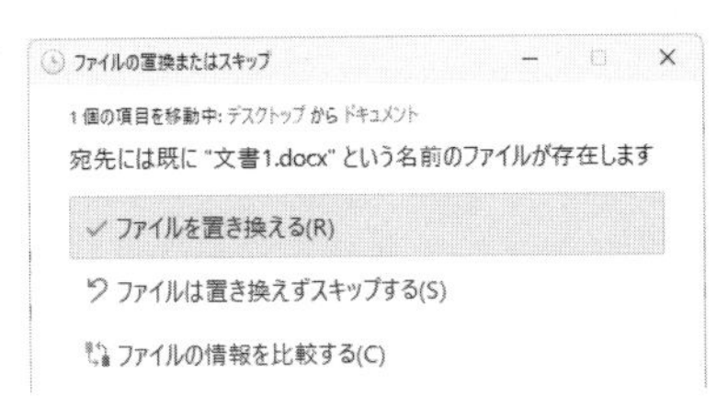

図1.2 重複ファイルの移動

(4) バックアップ

前項で説明したファイルのコピーは、そのまま「万一の場合に備えて、複数のコピーを保存する」手段にもなります。この作業をバックアップとよびます。これから大切なファイルを作る機会が増えるでしょうから、バックアップの習慣をぜひ身に付けてください。

同一ファイルを自動保存で編集している場合でも、以前の状態に戻せないというトラブルが起こりえます。大切なファイルについては意識的にコピーをバックアップ保存しておきましょう。

（5）サインアウト

コンピュータの利用を終えるときはサインアウトします。

スタートメニューから（アカウント）をクリックします。表示されるメニューで［サインアウト］を選びましょう（図 1.3)。

サインインしたままコンピュータから離れると、他人に操作されて情報を盗まれたり、迷惑行為や犯罪に利用されたりする危険があります。サインアウトが途中で止まってしまっても同じです。使い終わりには、必ずサインアウトが完了して［他のユーザー］画面に戻ることを確認しましょう。USB メモリの抜き忘れにも気をつけてください。

使用後にコンピュータの電源を切る場合もあります。電源を切るには、スタートメニューから（電源）をクリックし［シャットダウン］を選びます（図 1.3)。

サインアウトかシャットダウンか、どちらの操作をするのかは、それぞれの PC 教室のルールに従ってください。

図1. 3　サインアウトとシャットダウン

1.2　Microsoft Office を使う

（1）Microsoft Office と Microsoft 365

ワードプロセッサ、表計算、プレゼンテーション、ビデオ会議、データベースなど、大学やビジネスで活用されるアプリをまとめてオフィススイート、またはオフィスソフトとよびます。本書で扱うアプリ、Word・Excel・PowerPoint は、マイクロソフト社の Microsoft Office という製品群のアプリケーション（以下、Office アプリ）ということになります。また、この Office アプリをサブスクリプションで使用するサービスが Microsoft 365 で、このとき同じアプリを 365 アプリともよびます。本節では上記 3 つの 365 アプリに共通する基本操作を説明します。

大学では買い切り型の永続ライセンスで Office をインストールする一方で、学生には Microsoft 365 のサブスクリプションを提供することが増えています。PC 教室の端末にインストールされている Office（Microsoft 365 ではないことが多い）と、利用者が自分のデバイスにダウンロードできる Office では、バージョンや仕様が異なります。

(2) リボン

(a) リボンとタブ

Office アプリの基本画面では、リボンとよばれるグラフィカルユーザーインターフェースが採用されています。それぞれのアプリで使う数多くの命令（コマンド）を複数のタブに分類し、必要な機能に素早くアクセスできるようになっています。リボンとタブの表示形式はいくつかあって、リボン右隅の ∨（リボンの表示オプション）（図 1.4）から、選ぶことができます。

それぞれのタブでは、コマンドがグループに分けられていますが、場合によっては属するコマンドすべてをタブ上に表示しきれないという状態がありえます。この場合、すべてのコマンドを利用するためには ⧉（ダイアログボックス起動ツール）（図 1.5）をクリックしてダイアログボックスを開きます。

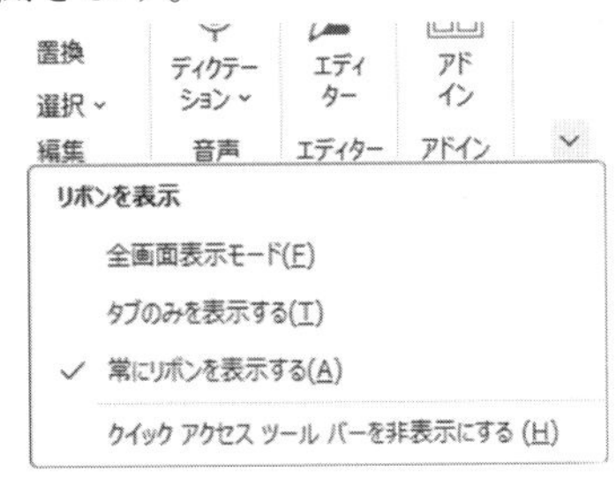

図1.4 リボンの表示オプション

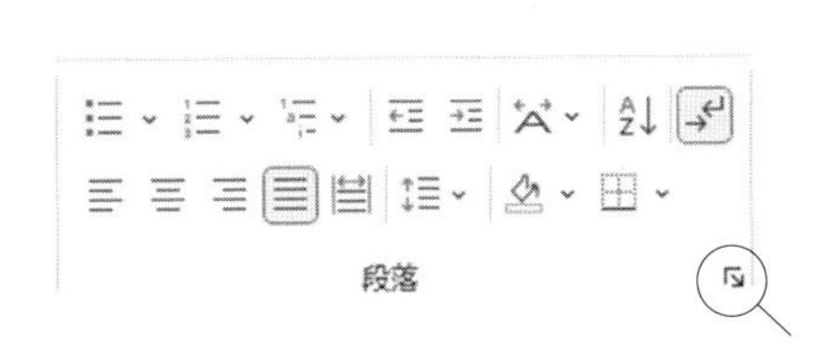

図1.5 ［段落］のダイアログボックス起動ツール

(b) コンテキストタブ

作業の状況に応じて表示される、コンテキストタブというタブもあります。たとえば、Excel でグラフを描いたあと、そのグラフを編集しようとして選択すると［グラフのデザイン］と［書式］という、2 つのコンテキストタブが使えるようになります（図 1.6）。

(c) クイックアクセスツールバー

クイックアクセスツールバーは、リボンの上部にあって、どのタブを選んでも表示されます。🖫（上書き保存）や↶（元に戻す）など、基本的なコマンドボタンが並んでいますが、ユーザー自身がコマンドを追加することもできます（図 1.7）。

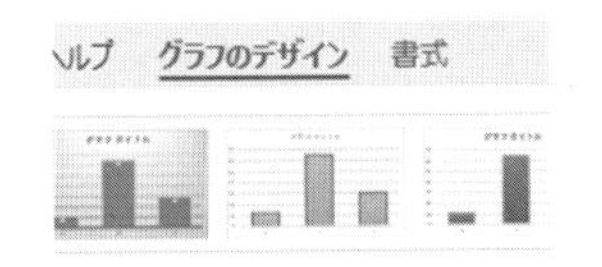

図1.6 コンテキストタブの例(Excel)

図1.7 クイックアクセスツールバー(Word)

(3) ［ファイル］タブと Backstage

(a) Microsoft Office Backstage ビュー

［ファイル］タブをクリックすると、Microsoft Office Backstage ビュー（以下、Backstage）が

表示されます（図 1.8）。Backstage では、ファイルの内容を操作するコマンドではなく、ファイルそのものを対象にした操作、たとえば「新しい書類を開く」、「保存する」、「印刷する」といった操作が選べます。Backstage からもとの文書画面に戻るには、㊀（戻る）をクリックするか Esc（エスケープ）キーを押します。

図1.8 Backstageビュー(PowerPoint)

（b）保存

開いているファイルを保存するには、［ファイル］タブをクリックして、Backstage の［上書き保存］または［名前を付けて保存］を選びます。

ファイル編集後に最新の内容を「同じファイル名・同じ保存場所」に保存するときは［上書き保存］を選びます。前項で述べたようにクイックアクセスツールバーから 1 クリックで選ぶこともできます。

編集前のファイルも残しながら、最新の内容を保存するとき、あるいはオリジナルとは別の場所に保存するときは［名前を付けて保存］を選びます。ファイルを初めて保存するときは、たとえ［上書き保存］を選んでも、［名前を付けて保存］のダイアログボックスが表示されます。

［名前を付けて保存］では、まず保存場所を決めます。保存場所はさまざまな選びかたができますが、「［参照］をクリックして保存ダイアログボックスを開く」と覚えておくのもよいでしょう。続けて表示されるダイアログボックスで、ファイル名を入力し、保存場所を指定します。最後に［保存］ボタンをクリックします（図 1.9）。OneDrive のようなクラウドストレージを使うときは、大学の環境にあわせて接続してから指定することも多くなります。

なお、/（スラッシュ）、*（アスタリスク）、|（縦棒）、¥（円記号）、?（疑問符）、:（コロン）、><（不等号）、"（二重引用符）などファイル名に使えない文字があるので、注意してください。

図1.9 名前を付けて保存

Tips!　アイコン名の変更

アイコン上でファイル名を変更することもできます。その場合、必ずファイルを閉じた状態でアイコンを右クリックし、表示されたコンテキストメニューから［名前の変更］を選びます（図 1.10）。

図1.10 アイコンの名前の変更

(c)［開く］

保存して閉じたファイルを再び開くには［ファイル］タブから［開く］コマンドを選びます。最近開いたことのあるファイル名がリストされるほか、保存作業と同様に［参照］ボタンをクリックしてファイルの場所を指定して選ぶこともできます。［開く］コマンドを使わずに、直接アイコンをダブルクリックして開くこともできます。

Word と PowerPoint では、編集済みのファイルを開いたとき、スクロールバーにしおりが表示されます。これは閲覧の再開という機能で、しおりをクリックすると前回終了したときのカーソル位置に移動できます（図 1.11）。

(d)［オプション］

環境設定は［オプション］をクリックしておこないます。多くの場合、自分が使いやすいようにオプションを設定することになるでしょう。

(4) ミニツールバー

Office アプリで、入力されたテキストを選択するとミニツールバーが表示されます。このツールバーからは文字書式や文字列の配置などを変更できます（図 1.12）。

図1. 11　閲覧の再開　　　図1. 12　ミニツールバー

(5) スタート画面

アプリの起動時に、スタート画面が表示されることがあります。スタート画面では、最近開いたファイル名の一覧や、テンプレートが表示されます。ユーザーはすばやく効率的に求める文書を開けることになります。

とくにテンプレートを適用しないで、一般的なファイルを新しく作成するときは、Word なら［白紙の文書］、Excel なら［空白のブック］、PowerPoint なら［新しいプレゼンテーション］を選びます。

1.3　文字を入力する

(1) Microsoft IME

日本語を入力するときは、IME（入力方式エディター）を使います。Windows には Microsoft IME（以下、IME）が付属しますが、他社の製品として、ジャストシステム社の ATOK や Google 日本語入力などもあります。利用者は好みの IME をインストールして使うこともできます。

(2) 日本語を入力する

(a) ローマ字入力と変換

日本語を入力するには、［半角/全角］（半角/全角）キーを押すか、またはタスクバー右端のシステムトレイで A をクリックして、IME をオンにします。このときシステムトレイのアイコンは、あ になります。なお、IME のオン・オフは、タスクバーの IME アイコンをクリックしてもできます。

漢字や片仮名に変換するには、ローマ字で読みを入力した後、［Space］（スペース）キーを押します。この入力方法をローマ字入力といいます。キーボードに記された平仮名をそのまま入力して変換する「かな入力」に切り替えることもできます。

(b) ファンクションキー

平仮名で入力した読みを、漢字ではなく片仮名や英数字といった、ほかの文字種に変換するときは、［Space］の代わりにファンクションキーを押します。たとえばキーボードから、［D］［A］［I］［G］［A］［K］［U］と入力したとき、ファンクションキーによって次のように変換されます。

表1.1 ファンクションキーによる文字種の変換

キー	変換結果	文字種
[F6]	→ だいがく	（全角ひらがな）
[F7]	→ ダイガク	（全角カタカナ）
[F8]	→ ﾀﾞｲｶﾞｸ	（半角カタカナ）
[F9]	→ ｄａｉｇａｋｕ	（全角英数）
[F10]	→ daigaku	（半角英数）

なお、[F9]・[F10]の英数変換は、押すたびにローマ字の大文字・小文字が変化します。

例）[U][N][I][V][E][R][C][I][T][Y]と入力後[F10]を押すと

university → UNIVERSITY → University → university → …

(c) 文節

変換しようとする文字列がいくつかの文節に分かれたとき、[Space]で変換されるのは太い下線で示された注目文節です。注目文節を移動するには[←]・[→]（左右カーソル）キーを使います。

IME が文節の長さを誤って変換したときは、[Shift]（シフト）キーを押しながら[←]・[→]を押して変更します。

例）「いのうえはきのしただ」と入力して変換	井上は木下だ
[→]で注目文節移動	井上は木下だ
[Shift]＋[←]で文節を短く	井上はきのしただ
[Space]で「木の」と変換	井上は木の下だ

同時に「下だ」も変換されるので、[Enter]で確定

(3) 予測候補

IME では、最初の数文字を入力したところで、その文字で始まる予測入力の候補が表示されます。これはスマートフォンでもおなじみの予測入力機能です。これまでの変換履歴や、IME に備わっている変換辞書を参考にいくつかの候補が示されるので、[Tab]（タブ）キーまたは[↓]で選択します（図 1.13）。もし候補の中に目的の語がなければ、前節のとおり[Space]を使って変換してください。

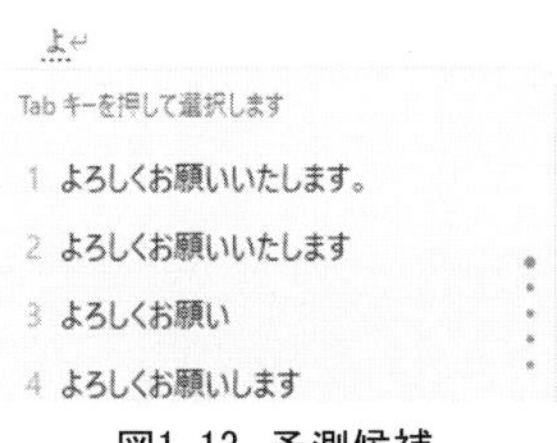

図1.13 予測候補

(4) 読みのわからない漢字を入力する

システムトレイのあを右クリックして、IME パッドを表示させます。読みのわからない漢字について、総画数や部首で検索したりマウスで手書きしたりして入力することができます(図 1.14)。

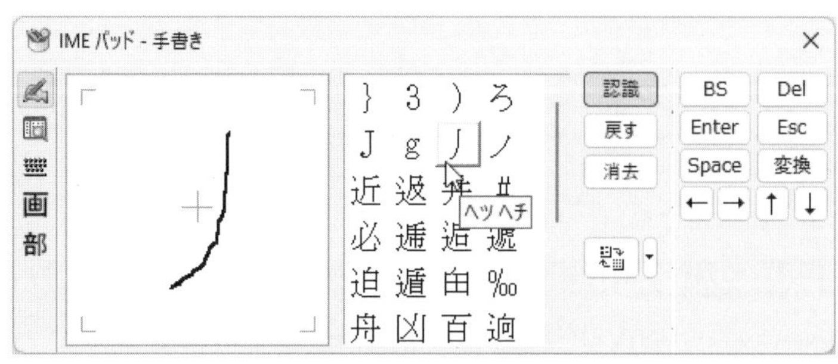

図1. 14 IMEパッド(手書き)

(5) 単語を辞書に登録する

文字列を辞書登録すると、次からは通常の操作で変換されます。特別な読み方をする言葉や、一度で変換しにくい人名などを登録します。さらに、長い言葉を短い読みで登録しておくと、入力の効率があがります。

辞書に登録するにはシステムトレイのあを右クリックして［単語の登録］を選びます。品詞について迷ったら、［名詞］を選んでおけばよいでしょう。

(6) 英数字を直接入力する

あを押して IME をオフにすると、入力モードはAに変わり、英数字の直接入力モードになります。なお、IME が直接入力モードを使用しない設定のときは半角英数モードになります。

どちらも、キーボードのキーに刻印された英数字・記号が半角で入力されます。

(7) 記号や特殊な文字を入力する

！・？・&など、キーに刻印された記号は、そのまま入力できます（Shiftを押しながら入力するものもあります)。括弧類は、IME がオンのとき、キーで入力した後、Spaceを押すと、ほかの種類に変換されるので便利です。

キーにあるもの以外の記号入力については、○や÷、など一部のよく使う記号は、その記号の読みから通常通りの変換ができます。とくに「きごう」と入力して変換すると、候補の中からさまざまな記号が選べます。

例)「おなじ」と入力して ⇒ 〃　　「こめ」と入力して⇒ ※

IME パッドの［文字一覧］からは、さまざまな記号を入力することができます（図 1.15)。また、Word や Excel などのアプリで［挿入］タブに［記号と特殊文字］コマンドがあれば、［その他の記号］から、さまざまな記号や記号付きの英字などを入力できます（図 1.16）。

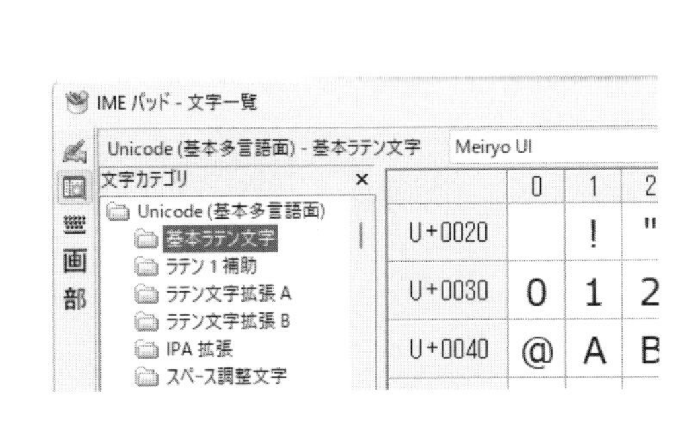

図1.15 IMEパッド(文字一覧)

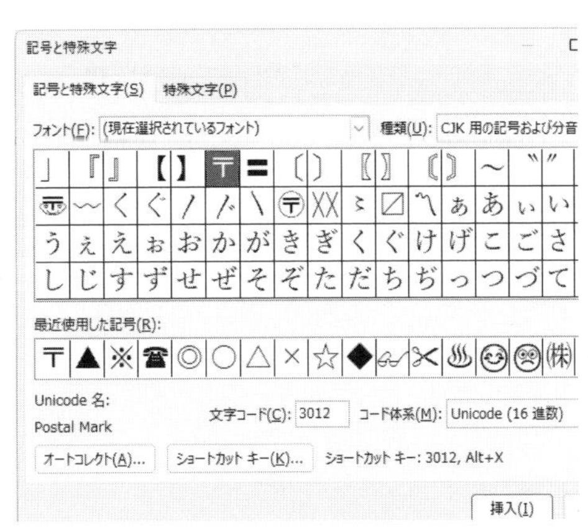

図1.16 記号と特殊文字

練習問題 1

(1) 160 ページ例文 1「入力練習 1」、例文 2「入力練習 2」を作成しなさい。変換される記号類、右端の折り返しはサンプル通りでなくてもかまいません。

(2) 160 ページ例文 3「探訪記」を作成しなさい。

(3) 161 ページ例文 4「調査報告準備」を作成しなさい。

Lesson 2 Word 1

レポートの作成

2.1　ワードプロセッサとは

（1）ワードプロセッサの利用

ワードプロセッサは、学生の皆さんがかなり早い段階から必要とするアプリのひとつでしょう。もっとも身近なひとつのアプリに習熟することで、ほかの 365 アプリについての理解も早まることが期待できます。これからのレッスンで、ワードプロセッサのさまざまな機能に慣れることで、今後のコンピュータ利用の基礎知識を身につけてください。

ワードプロセッサは、語順や文の並びを入れ替えたり、誤字を訂正したりする「推敲機能」と、文字の大きさや形を変えたり、行と行との間を変えて文書の見栄えのよさを整えたりする「レイアウト機能」とを備えたアプリです。文書作成時には、すべての情報を最初からワードプロセッサに入力すれば、そこから最終的な文章を組み立てることができます。すなわち、ワードプロセッサとは、“ワード”だけではなく、アイデアの組み合わせから洗練された完成版の印刷までをカバーする“ドキュメント”作成の道具なのです。

（2）Word とは

この教科書では、ワードプロセッサとして Microsoft 365 の Word（以下、Word）をとりあげます。授業や学生生活で必要になりそうな題材をもとに基本操作を習得しましょう。あとで学ぶ Excel や PowerPoint など、ほかの 365 アプリとの連携が簡単におこなえるのも、Word ならではの利用価値といえるでしょう。図 2.1 に示すのが Word の基本画面です。こうした画面表示は、コンピュータの設定によって異なったり、必要なときに表示されたりすることもあります。

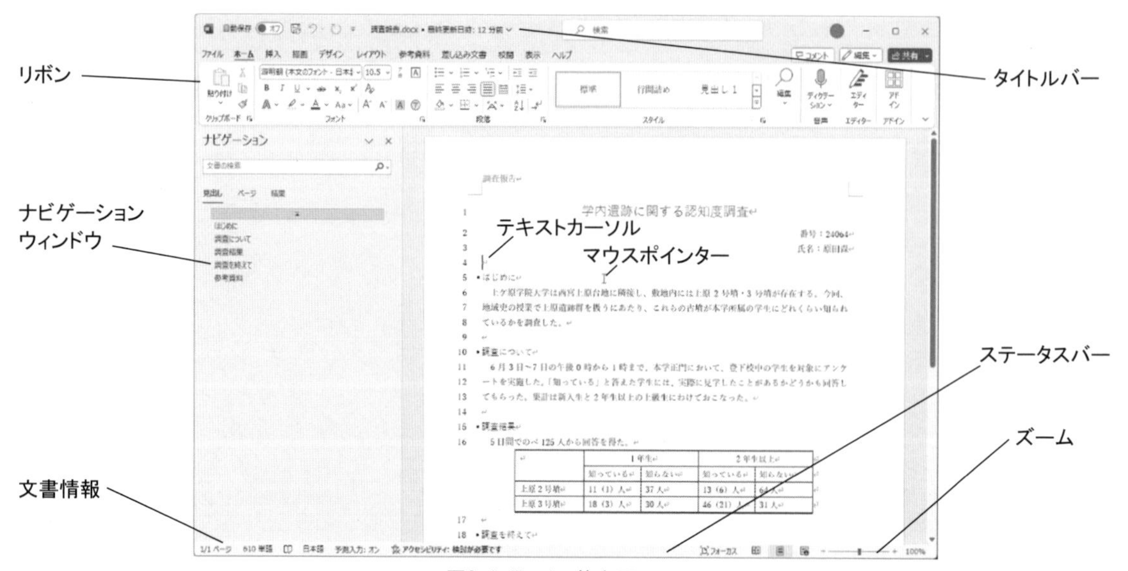

図2.1　Wordの基本画面

(3) Word を使い始めるにあたって

(a) オートコレクトのオプション

Word では入力中に行頭の番号・記号や書式、単語の綴りなどが自動的に変更されることがあります。たとえば「①ではじまる段落を改行すると、②が入力される」「段落全体が 1 文字下がった位置になる」などです。

これらの機能は「オートコレクト」または「オートフォーマット」といいます。理解して使いこなせば大変便利なものですが、場合によってはユーザーの意図に反した動作となり、かえって使い勝手を悪くします。ユーザーの気づかないところで修正が行われることもあります。必要に応じて、これらの設定をオフにすることも覚えてください。

オートコレクトやオートフォーマットの設定を変更するには、Backstage ビュー（1.2 節参照）で［オプション］をクリックして［Word のオプション］ダイアログボックスを表示し、［文章校正］から［オートコレクトのオプション］を選びます。この教科書では、例題 2.1 にあるとおり、当面不要と思われるオートフォーマット機能をオフにしてから実習を進めることにします。

(b) 互換モード

Word を含む Microsoft 365 はバージョンアップのたびに新しい機能を追加してきました。その結果、最新の Word を使って作った A さんの Word 文書が、B さんの使う以前の Word 上ではレイアウトが崩れてしまうといった問題がおこります。

そこで、旧バージョンでも問題なく表示できるように、最新の Word でありながら、機能を制限したうえでファイルを保存することもできます。これが「互換モード」という考え方で、複数ユーザーでファイルをやり取りするときには重要な設定になります。ファイル名を付けて保存するとき、［ファイルの種類］を［Word97-2003 文書］にすると、互換モードで保存ができます。

このとき、ファイルの種類としては、「旧いバージョンの Word 文書」だけでなく、さまざまな形式が選択できます（例：PDF 形式、テキスト形式）。

例題 2.1　オートコレクトのオプション変更

オートコレクトおよび入力オートフォーマット機能を一部無効にします。当該機能を積極的に利用するときは、以下の操作は不要です。

①Word 文書を開く

②［ファイル］タブをクリックして Backstage ビューを表示し、［オプション］をクリックする

③［Word のオプション］ダイアログボックスで、［文章校正］をクリックする

④［オートコレクトのオプション］ボタンをクリックする

⑤図 2.2 を参照しながら、［オートコレクト］ダイアログボックスの［オートコレクト］タブで、○で囲まれた項目のチェックを外す

⑥［入力オートフォーマット］タブに切り替えて、図 2.3 を参照しながら、○で囲まれた項目のチェックを外す

⑦［OK］ボタンをクリックして、ダイアログボックスを閉じる

図2.2 オートコレクト の変更

図2.3 入力オートフォーマットの変更

2.2 文字書式と段落書式

（1）文字列の選択

（a）文字列の選択

入力した文字列を整形するとき、その文字列を選択してからリボン内のコマンドをクリックすることが多くなります。文字の選択にはさまざまな方法がありますが、代表的なものをいくつか紹介します。

1 文字以上の文字列を選択するには、始点となる文字から終点の文字までマウスでドラッグします。また、始点にカーソルを置き、Shift を押しながら終点をクリックすることで、その範囲が選択できます。

行単位で選択するには、行頭の左側、マウスポインタがになったところでクリックします。

文書全体を選択するときは、［ホーム］タブ―［編集］グループの［選択］をクリックし［すべて選択］を選ぶか、そのキーボードショートカットであるCtrl＋A を押します。

選択状態をキャンセルするには、Esc を押します。

（b）切り取り・コピー・貼り付け

選択した文字列について、一度切り取って場所を移したり、元の場所に残しながら別の箇所で

再び使ったりするには、［ホーム］タブ―［クリップボード］グループのコマンドを使います。

文字列を選択して（切り取り）ボタンをクリックすると、その文字列は文中から一度削除されます。続けて（貼り付け）ボタンをクリックすると、カーソルのある場所に切り取られた文字列が挿入されます。選択後に（コピー）ボタンを押すと、元の文字列は削除されませんが、切り取り同様でコピーした文字列を貼り付けることができます。

(2) 文字書式

(a) フォント

新聞や雑誌などを見ると、インパクトをあたえるために、さまざまな形や大きさの文字が使われています。Word では文字のことをフォントとよびます。フォントにかかわる設定を変更するには、まず目的の文字列を選択してから［ホーム］タブ―［フォント］グループの各コマンド（図2.4）を選びます。以下に、［フォント］グループの代表的なコマンドを紹介します。

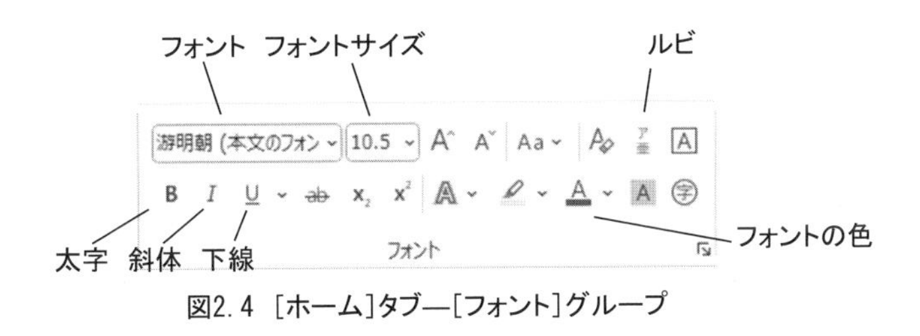

図2.4 ［ホーム］タブ―［フォント］グループ

(b) フォントサイズとスタイル

フォントサイズの単位は「pt（ポイント）」です。これはコンピュータを使っていると、よく登場する単位で、1 ポイントは 72 分の 1 インチ、すなわち約 0.35mm ということになります。

文字列を強調したいときにはフォントスタイルを変更するのが有効です。フォントスタイルには、標準以外に太字と斜体があります。

(c) ルビ

文字列にルビ（ふりがな）を付ける機能も用意されています。ルビを付けたい文字列を選択して（ルビ）をクリックすると、［ルビ］ダイアログボックスが開きます。ここで、ルビ用のフォント情報も含めて詳しい設定をします（図 2.5）。

(d) その他のフォント設定

上記以外にも、下線（から線種が選べる）、下付き、上付きといった文字飾りや、フォントの色などさまざまな装飾効果が選べます。これらの装飾は、［フォント］グループのコマンドから選べるものもありますが、（ダイアログボックス起動ツール）をクリックしてダイアログボックスを開くと、詳しい書式設定がおこなえます（図 2.6）。たとえば傍点は、このダイアログボックスから指定します。

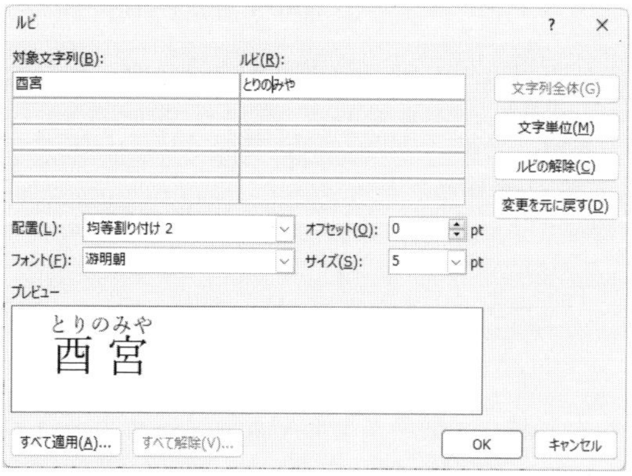

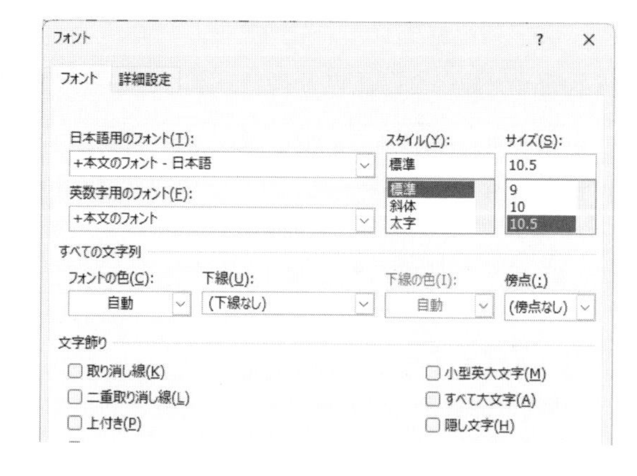

図2.5 ［ルビ］ダイアログボックス

図2.6 ［フォント］ダイアログボックス

(3) 段落書式

(a) 段落

文字列を入力して Enter を押すと ↵（段落記号）が挿入され、1 つの段落が終了します。このときカーソルは新しい段落の先頭行に移動します。たとえ 1 行だけの文章でも、文字入力がなくても、段落記号があれば 1 つの段落とみなします。Word では段落単位で設定できる項目がいくつかあります。

(b) 文字列の配置

横書きの場合、一般的には段落の両端を揃えて、あいだの文字間隔を微調整する「両端揃え」という配置設定で書かれます。この本も、ほとんどの段落が両端揃えです。段落の右端に凹凸ができないので、きれいに仕上がります。一方で文書の表題は中央に配置し、日付や氏名を右端に揃えることも多いはずです。

このような段落ごとの配置の変更には、［ホーム］タブ―［段落］グループの文字列の配置に関するコマンドを使います。配置には 5 種類（左揃え・中央揃え・右揃え・両端揃え・均等割り付け）があります（図 2.7)。

(c) 行間

たとえば、この本の本文は行間 1 行（英文タイプのシングルスペースに相当）で書かれています。レポートや論文を書くときには、1 ページあたりの行数だけでなく、行間が指定されることもあります。

行間を変更するには当該箇所を選択してから、［ホーム］タブ―［段落］グループの［行と段落の間隔］コマンドを使います。これは段落単位での設定になります。ただし、実際の行と行との間隔は、1ページの行数設定も影響するので注意してください。

(d) 編集記号

↵のほかにも、□（空白）、→（タブ）などの編集記号をつねに表示しておくためには、↵（編集記号の表示/非表示）ボタンを押します（図 2.7）。初期状態では、これらの記号は印刷されません。「スペースを何文字入れたか確認する」というようなときは、積極的に表示させましょう。

なお、この表示については、段落単位ではなく文書全体に適用されます。

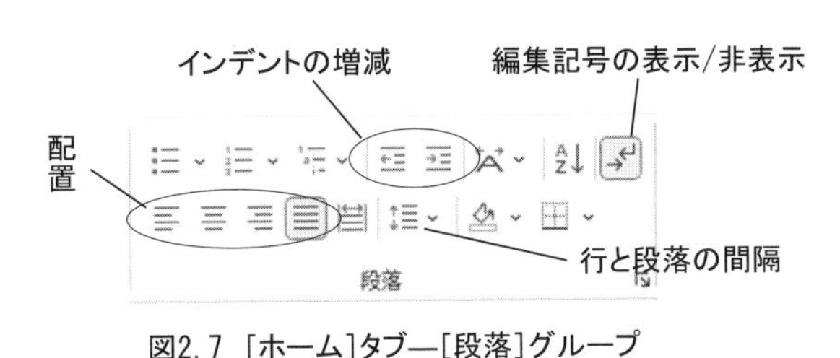

図2.7 ［ホーム］タブ―［段落］グループ

(e) その他の段落設定

［段落］グループの↘をクリックすると、ダイアログボックスが開き、さらに詳しい設定がまとめておこなえます。インデントやタブ（Lesson 5 参照）にかかわる設定も、こちらのダイアログボックスでおこないます。

例題 2.2　書式の変更

フォントと段落の書式を変更します。まず［フォント］グループの設定を、次に［段落］グループの設定を変更します。練習問題 1（3）で作成した「調査報告準備」という文書を使います。

①「調査報告準備」を開き、学生番号と氏名のあとには、自身の番号と名前を入力する

②「調査報告」というファイル名で［名前を付けて保存］する

③表題 学内遺跡に関する認知度調査 を選択状態にする

④［ホーム］タブ―［フォント］の⌄をクリックして［游ゴシック Light］を選ぶ

⑤［ホーム］タブ―［フォントサイズ］の⌄をクリックして［16］を選ぶ

⑥2 行目と 3 行目を、同様の手順でフォントサイズを 12 ポイントにする

⑦5 行目 はじめに という見出しを選択状態にする

⑧［ホーム］タブ―［フォント］の⌄をクリックして［游ゴシック Light］を選ぶ

⑨残り 4 か所の見出しについても、游ゴシック Light を設定する

⑩表題を選択状態にして、［ホーム］タブの☰（中央揃え）をクリックする

⑪2 行目と 3 行目を、同様の手順で右揃えにする

⑫文章全体を選択状態にして、［ホーム］タブの☰（行と段落の間隔）から［1.15］を選ぶ

⑬クイックアクセスツールバーのをクリックして、「調査報告」を上書き保存する

2.3　ページ設定

(1) 用紙サイズ

大学のコンピュータ環境では、印刷に使用する標準の用紙サイズは多くの場合 A4 です。Word では、接続されたプリンタによっては B5・B4・ハガキなどの用紙に印刷することもできます。

用紙の設定は［レイアウト］タブ—［ページ設定］グループから、（サイズ）ボタンでおこないます。

(2) 余白

ページの周辺に設けられる空白部分が余白です。したがって、文章本体が入力できるのは、ページの端から上下左右の余白を除いた部分ということになります。通常、文書の表示モードは［印刷レイアウト］になっていますが、その場合は文書画面で余白が確認できます。

余白の設定は、［ページ設定］グループの（余白）ボタンでおこないます。［標準］をはじめ、あらかじめ設定された値が選べるようになっていますが、［ユーザー設定の余白］を選ぶと、［ページ設定］ダイアログボックス—［余白］タブが開き、任意の数値を入力できます（図 2.8）。

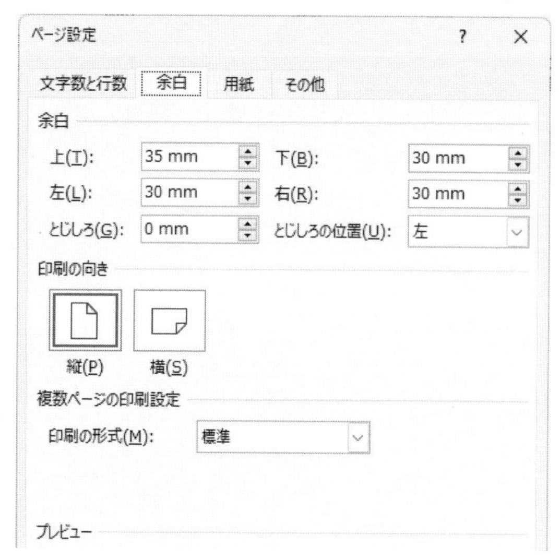

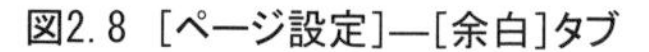
図2. 8 ［ページ設定］—［余白］タブ

図2. 9 ［ページ設定］—［文字数と行数］タブ

(3) 印刷の向き

［ページ設定］グループの（印刷の向き）ボタンからは、用紙を縦向きに使うか、横向きに使うかが選べます。縦書き・横書きではありませんので注意してください。

(4) 文字数と行数

1行あたりの文字数や1ページあたりの行数もページ設定から変更できます。レポートや論文では、こうした書式の指定も珍しくありません。文字数と行数を指定するには、［ページ設定］グループで をクリックします。表示される［ページ設定］ダイアログボックス—［文字数と行数］タブ内に選択項目があります。標準状態では［行数だけを指定する］という設定になっています（図 2.9）。

Tips!　文書情報の確認

文書のページ数と文字数は、文書ウィンドウのステータスバーに表示されます。
単語数や段落数などを詳しく知りたいときには、［校閲］タブ—［文書校正］グループから （文字カウント）をクリックして、［文字カウント］ダイアログボックスを表示させます（図 2.10）。文章の一部を選択していれば、その選択範囲での情報になります。

(5) 行番号

文書の中で、特定の場所を指し示したいときは「〜ページ〜行目」という言い方をするのが一般的でしょう。Word には、ファイル上に行番号を表示する機能があります。［レイアウト］タブ—［ページ設定］グループの （行番号）をクリックすると、さまざまな形式の行番号表示が選べます（図 2.11）。多くの場合、［連続番号］か［ページごとに振り直し］を選べばよいでしょう。

行番号に含めたくない段落があるときは、その段落を選択しておいて、上記コマンドから［現在の段落には表示しない］を選びます。行番号は原則としてそのまま印刷されます。不要なときは、印刷前に非表示にしてください。

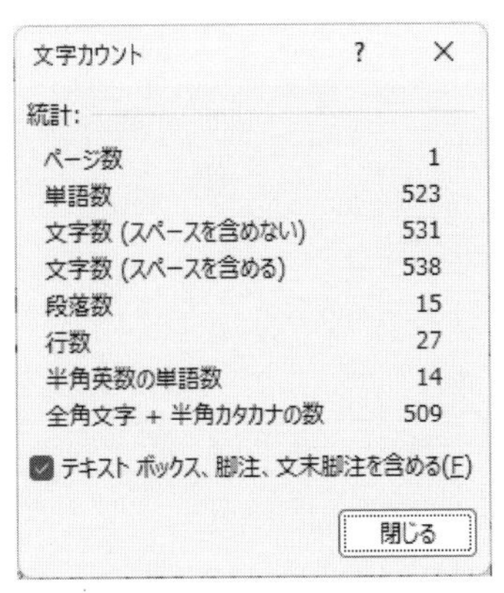

図2.10　文字カウント

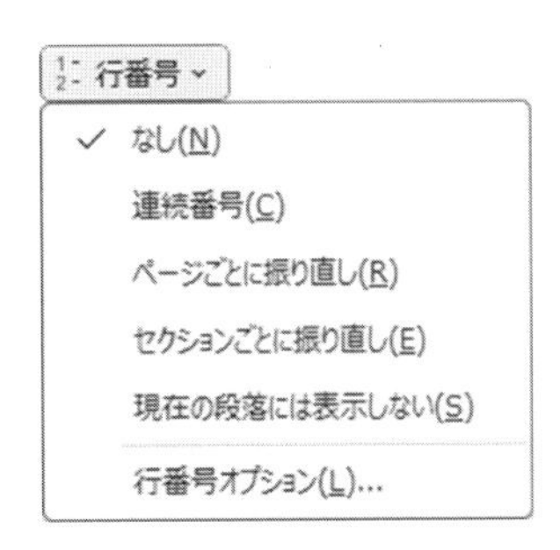

図2.11　行番号メニュー

例題 2.3　ページ設定の変更

ページ設定のうち余白を変更します。用紙サイズと印刷の向きは、A4・縦のまま変更せず確認するだけにとどめます。

①［レイアウト］タブの（サイズ）をクリックして、用紙サイズが［A4］になっていることを確認する

②（印刷の向き）をクリックして、向きが［縦］になっていることを確認する

③（余白）をクリックして、［ユーザー設定の余白］を選ぶ

④［ページ設定］ダイアログボックスで、余白を上下左右すべて 25mm に設定する

⑤［OK］ボタンをクリックして、ダイアログボックスを閉じる

⑥「調査報告」を上書き保存する

2.4　ページ番号の挿入

（1）ヘッダーとフッター

ヘッダーとフッターは、それぞれページの上端、下端からの距離で指定します。このとき、上余白と下余白内に収まるように設定するのが一般的です（図 2.12）。

これらの領域は文書の本文とは別扱いです。ここに入力した文字列・ページ番号・日時などは、原則としてすべてのページに表示されます。たとえば、このページの左上にある「Lesson 2」は、24 ページにも表示されていますが、これは「Lesson 2」がヘッダーに入力されているからです。

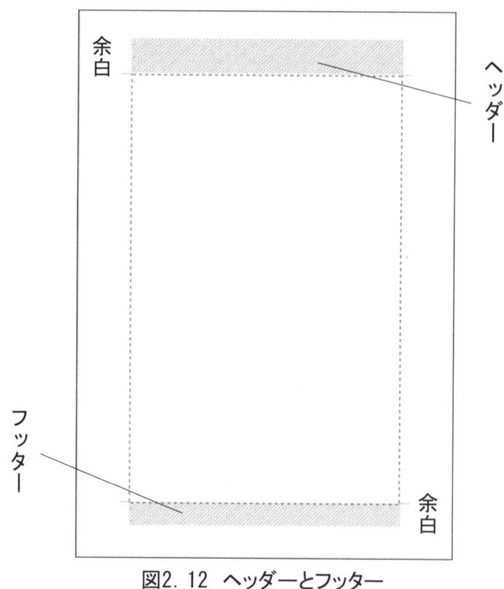

図2. 12　ヘッダーとフッター

ヘッダーとフッターを編集するには、文書ウィンドウでヘッダー・フッターにあたる部分を直接ダブルクリックします。また、［挿入］タブ―［ヘッダーとフッター］グループの（ヘッダー）、（フッター）をクリックして、［ヘッダーの編集］または［フッターの編集］を選ぶこともできます。ヘッダーやフッターには組み込みデザインのギャラリーもあります。

(2) ページ番号の挿入と削除

何ページにもわたる文書ではページ番号（ノンブル）が必要となります。ページ番号を挿入するには、［挿入］タブ―［ヘッダーとフッター］グループの（ページ番号）をクリックして、ページ番号を挿入する場所とデザインを選びます。ここで表示される［ページの上部］とはヘッダー、［ページの下部］とはフッターを指します。ページ番号を削除するには、をクリックして、［ページ番号の削除］コマンドを選びます。

この機能を使うと、実際のページ番号は自動的に計算されて表示されます。上記コマンドを使わずに、ヘッダーやフッターに直接「1」と入力すると、すべてのページに「1」が表示されるので注意してください。

Tips!　表紙とページ番号

「1 ページ目は表紙、2 ページ目からが本文でページ番号 1 を振りたい」というとき、まず手順どおりページ番号を挿入します。そのあとの［ヘッダー/フッター］コンテキストタブ上で、2 段階にわけて設定をおこないます。まず、ページ番号のカウントを 0 からにして、次に、先頭ページ（0 ページ）のみ非表示にします（図 2.13)。

①［ヘッダーとフッター］グループの（ページ番号）から［ページ番号の書式］を選択
②ダイアログボックスで［開始番号］に［0］を指定.
③［オプション］グループの［先頭ページのみ別指定］をチェック

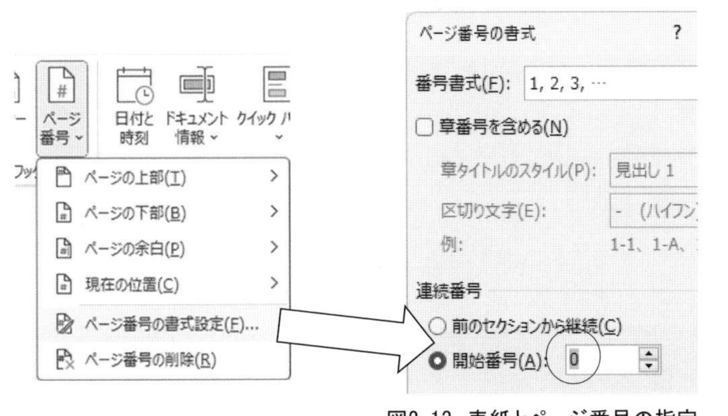

図2. 13 表紙とページ番号の指定

例題 2.4　ページ番号とヘッダーの編集

「調査報告」にページ番号を挿入します。また、ヘッダーに文字列を入力する練習もしましょう。

①［挿入］タブの（ページ番号）をクリックする

②表示されたギャラリーから［ページの下部］―［番号のみ 2］を選ぶ

③フッター内で、余分に挿入された段落記号を削除する

④［ヘッダーとフッター］コンテキストタブの（ヘッダーとフッターを閉じる）ボタンをクリックする

⑤文書ウィンドウで、ヘッダー部分をダブルクリックする

⑥ヘッダーの左端にファイル名である 調査報告 と入力する

⑦［ヘッダーとフッター］コンテキストタブの（ヘッダーとフッターを閉じる）ボタンをクリックする

⑧「調査報告」を上書き保存する

2.5　表の挿入

（1）表の挿入

表を挿入するには、［挿入］タブ―［表］グループの（表）をクリックします。表示されたグリッド上で、必要な行数・列数になるようにマウスでポイントして、クリックしたところで表が挿入されます（図 2.14）。ここで［表の挿入］コマンドを選ぶと、ダイアログボックスで行数・列数が指定できます。クイック表作成を使うと、あらかじめ組み込まれたリストを見て、表のデザインが選べるので、素早く見栄えのよい表を作ることができます。

なお、Word 付属の機能だけで、かなり複雑な表が挿入できるようになっていますが、Excel で作った表を Word で利用する方法もあるので、両方の表挿入をうまく使い分けてください。

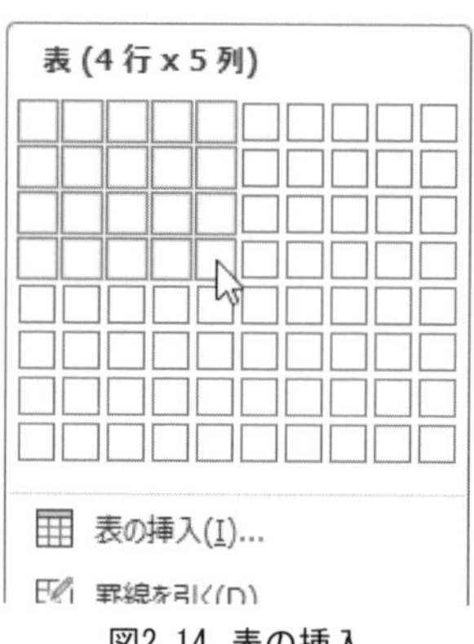

図2. 14　表の挿入

(2) セルへの入力

表のマス目のことをセルといいます。セルに入力するには、目的のセルをクリックしてカーソルを置きます。セル内で Enter を押すとセル内での改行になり、セルの高さが自動的に調節されます。それぞれのセルは個別に書式設定ができます。

(3) 表のレイアウト

(a) セルのサイズ

外枠も含めて、表を構成する線を罫線とよびます。セルの幅と高さを手動で調整するときは、各罫線上をポイントして、マウスポインタが↔または↕になった状態でドラッグします。

入力された文字数にあわせて列幅を整えるには、［レイアウト］コンテキストタブ―［セルのサイズ］グループで、（自動調整）から［文字列の幅に自動調整］を選びます。また、同グループでは、セルの幅と高さを数値で指定することも可能です（図 2.15）。

なお、これらのサイズの変更は、下記「セルの結合」より前に済ませておきましょう。

(b) セル内の配置

セル内でも文字列の配置が決められますが、段落書式の配置と異なるのは、垂直方向も選べることです。したがって、セル内では「左・中央・右」と「上・中央・下」の組み合わせで 9 通りの配置が設定できます。

配置を設定するには、セルにカーソルを置き、［レイアウト］コンテキストタブで配置に関する 9 つのボタンから指定します（図 2.16）。

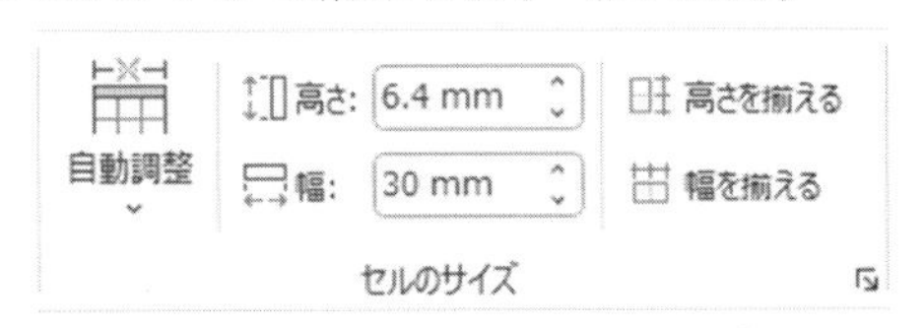

図2.15 ［セルのサイズ］グループ

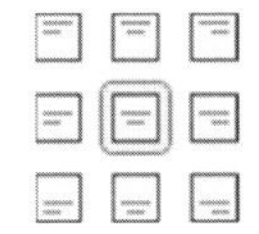
図2.16 セル内の配置コマンド

(c) 表全体の配置

表全体の配置を設定することもできます。［レイアウト］コンテキストタブで（プロパティ）ボタンをクリックして、［表］シートで指定します（図 2.17）。

(d) 行や列の挿入と削除

行や列を追加するには、［レイアウト］コンテキストタブの［行と列］グループのコマンドを使います。現在カーソルがあるセルからみて、どちら側に行や列を挿入するかを選びます（図 2.18）。行や列を削除するには、削除したい行・列に含まれるセルにカーソルを置いて、（削除）をクリックします。このコマンドからは［表の削除］も選ぶことができます。

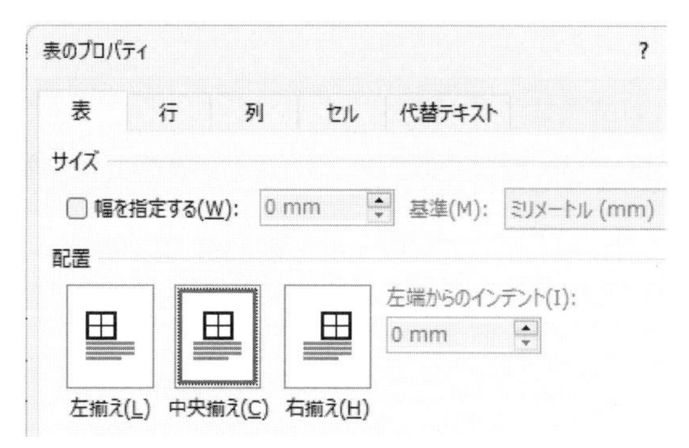

図2.17 [表のプロパティ]ダイアログボックス

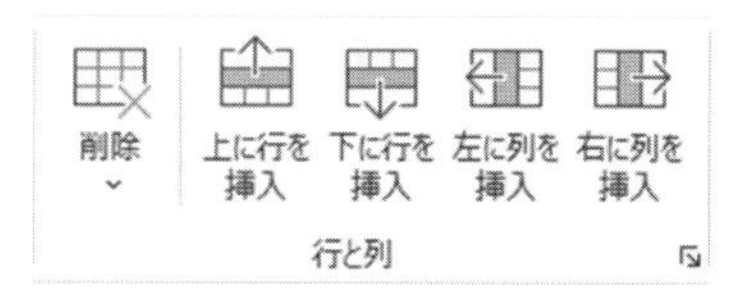

図2.18 [行と列]グループ

(e) セルの結合と分割

いくつかのセルを結合するには、結合したいセルを範囲指定してから、[表] ツール—[レイアウト] コンテキストタブの [結合] グループで (セルの結合) をクリックします。

ひとつのセルを分割するときは、同じ [結合] グループで (セルの分割) をクリックして、分割後の列数・行数を指定します。

(4) 表のデザイン

(a) 罫線の変更

挿入した表の罫線を変更するには、[テーブルデザイン] コンテキストタブの [飾り枠] グループを使った 2 通りの方法があります。

ひとつは、 (罫線) コマンドを使う方法です。罫線を変更したい範囲のセルを選択して、ペンのスタイル・太さ・色を選びます。そして、 をクリックして、選択範囲のどの部分にどういう罫線を付けたいかに応じて、コマンドのリストから選びます (図 2.19)。

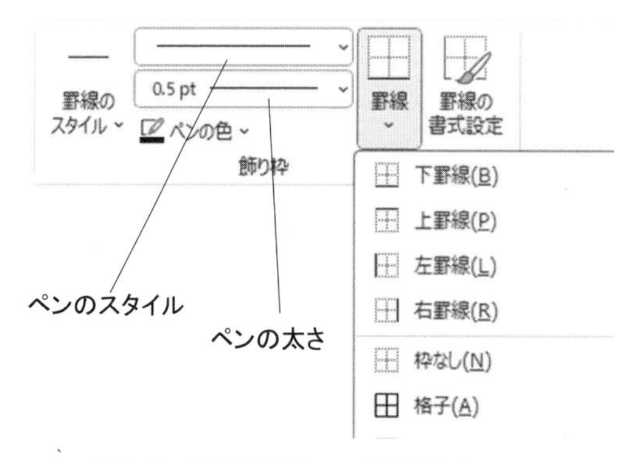

図2.19 [飾り枠]グループと[罫線]のリスト

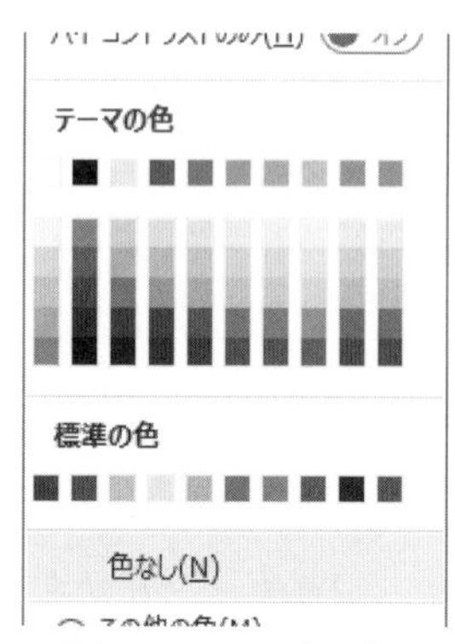

図2.20 セルの塗り潰し

もうひとつは、 (罫線の書式設定) を使って、マウスクリックで設定する方法です。ペンのスタイル・太さ・色を選ぶと、[罫線の書式設定] がオンになり、マウスポインタの形が になります。そのまま罫線上をポイントしてクリックすることで、罫線の設定が適用されます。変更を終えたらをクリックして書式設定の状態を解除します。

(b) 背景の塗りつぶし

セルの背景色を設定するには、まず目的のセルを範囲指定し、[テーブルデザイン] コンテキストタブの [塗りつぶし] のリストから色を選びます (図 2.20)。組み込みのスタイルギャラリーも利用できます。

例題 2.5a　表の挿入とレイアウトの変更

図 2.21 のように「調査報告」に表を挿入します。データ入力後、列幅と配置を整えます。セルの結合も練習します。

①「125 人から回答を得た。」の下の行、17 行目をクリックしてカーソルを置く
② [挿入] タブの (表) をクリックし、「4 行×5 列」になるところをクリックする
③図 2.21 を参照して、挿入された表にデータを入力する (数字は半角、括弧は全角)
④表内にカーソルを置いて、[レイアウト] コンテキストタブの (自動調整) をクリックし、[文字列の幅に自動調整] を選ぶ
⑤1 列目の任意のセルにカーソルを置く
⑥ [レイアウト] コンテキストタブの [列の幅の設定] ボックスで列幅の数値を 30mm にする
⑦同様の手順で、2 列目から 5 列目の幅を 25mm に変更する
⑧1 行目「1 年生」とその右のセルをドラッグして選択し、[レイアウト] コンテキストタブの (セルの結合) をクリックする
⑨同様の手順で、「2 年生以上」とその右、表の左隅の空白セル 2 つを、それぞれ結合する
⑩結合された「1 年生」と「2 年生以上」のセルをドラッグして選択し、[レイアウト] コンテキストタブの (上揃え (中央)) をクリックする
⑪表内にカーソルを置き、[レイアウト] コンテキストタブの (プロパティ) をクリックする。
⑫ [表のプロパティ] ダイアログボックスで、表の配置の (中央揃え) を選択して、[OK] ボタンをクリックする
⑬「調査報告」を上書き保存する

	1 年生		2 年生以上	
	知っている	知らない	知っている	知らない
上原 2 号墳	12 (2) 人	36 人	14 (7) 人	63 人
上原 3 号墳	18 (4) 人	30 人	46 (21) 人	31 人

図2.21　例題2.5a　表の挿入とレイアウトの変更　途中図(⑦まで)

例題 2.5b　表のデザインの変更

例題 2.5a で挿入した表のデザインを図 2.22 のとおりに変更します。またフォントサイズと行間が本文の設定を引き継いでいるので、10 ポイントで行間 1 行に変更します。

①表内のセルをクリックしてカーソルを置く

②［テーブルデザイン］コンテキストタブで、図 2.19 を参照して、［ペンの太さ］から［1.5］を選ぶ

③マウスポインタ（ ）で一番上の横罫線をクリックして太線にする

④同様の手順で、一番下の罫線を太線にする

⑤［テーブルデザイン］コンテキストタブの［ペンのスタイル］で、------------------（3 番目の点線）を選ぶ

⑥手順③の要領で、図 2.22 を参照して、2 か所の縦罫線を点線にする

⑦［テーブルデザイン］タブの （罫線の書式設定）をクリックして、罫線の書式設定を解除する

⑧表全体を選択して、例題 2.2 の要領でフォントサイズを「10」、行間を「1.0」にする

⑨「調査報告」を上書き保存する

	1 年生		2 年生以上	
	知っている	知らない	知っている	知らない
上原 2 号墳	12（2）人	36 人	14（7）人	63 人
上原 3 号墳	18（4）人	30 人	46（21）人	31 人

図2. 22　例題2. 5b　表のデザインの変更

練習問題 2

（1）例題 2.5b で作成した「調査報告」を開き、162 ページ例文 5 のように、表を編集しなさい。セルの結合と、ペンのスタイルとして［罫線なし］（1 番上）を利用すること。

（2）練習問題 1（2）「探訪記」を開き、162 ページ例文 7 の表を挿入、さらに例文 8 の指示にしたがって編集しなさい。

（3）164 ページ例文 9「添付と共有準備」を作成しなさい。この書類は Lesson3 で使用します。

Lesson 3　Word 2

図形の挿入

3.1　段組みとセクション

（1）段組みの設定

1 つの段落を複数の段（列）に分けたほうが読みやすいときもあります。これを「段組み」といいます。段組みは［レイアウト］タブ—［ページ設定］グループの（段組み）から設定します。［段組み］のリストから 1～3 段組みにできますが、［段組みの詳細設定］を選ぶと［段組み］ダイアログボックスで、段の幅や境界線の有無などが設定できます（図 3.1）。

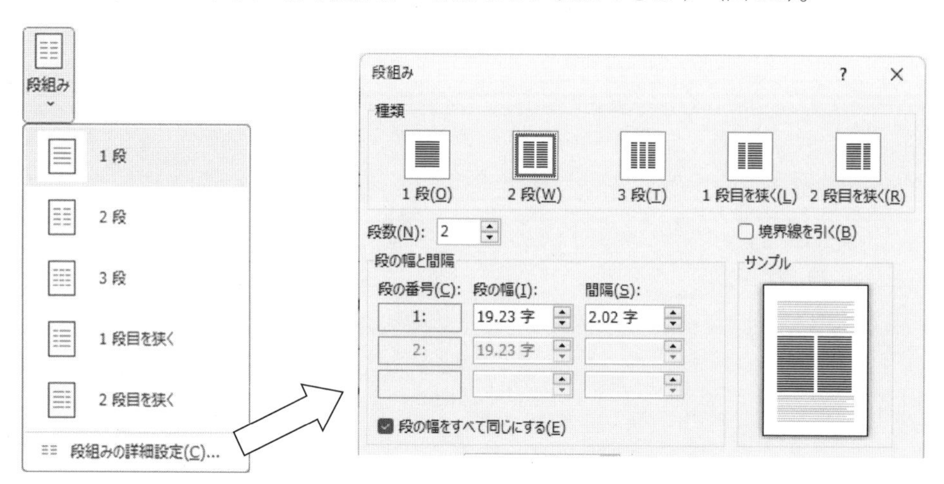

図3.1 ［段組み］メニューとダイアログボックス

段組みは選択範囲だけに適用することができます。最初は 1 段のままで全体の入力を終えてから、該当する段落だけを選択し、段組みにするのがよいでしょう。

段組みの文章中、カーソルからあとを強制的に次の段の先頭に移すには、［レイアウト］—［ページ設定］グループの（区切り）をクリックして、リストから（段区切り）を選びます。

（2）改ページの挿入

段落を新しいページから始めるために、Enter だけを何度も押し続けるのは効率が悪く、本文の追加や削除があったら、また同じように調整しなければなりません。このようなときは、ページ区切りが便利です。

ページ区切りを挿入するには、ページの境界にカーソルを置いて、［挿入］タブ—［ページ］グループの（ページ区切り）をクリックします。［段区切り］同様、［区切り］のリストから（改ページ）を選んでも同じです。また、キーボードショートカットの Ctrl ＋ Enter を覚えておくのもよいでしょう。

(3) セクション

上述のように、選択部分の段組みを変更すると、そこに「セクション区切り」が挿入されて、セクションが分かれます。セクションは段組以外でも任意に作ることができます。[レイアウト]タブ―［区切り］グループのリストから目的のセクション区切りを選んでください（図 3.2)。

文書が複数のセクションに分かれているとき、用紙サイズや余白などページ設定の変更に際して、その変更の対象が現在カーソルのあるセクションだけなのか、文書全体なのかを使い分けることになります。文書全体の設定を変更するためには、全文を選択状態（2.2 節参照）にしてから変更をおこなうか、各設定のダイアログボックスを起動して、[設定対象］で［文書全体］を選びます（図 3.3)。

図3. 2　セクション区切りのリスト

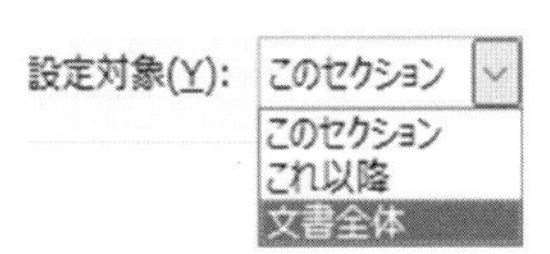

図3. 3　設定対象の選択

例題 3.1　段組みの設定

図 3.4 のように、箇条書き部分を 2 段組みにします。練習問題 2（3）で作成した「添付と共有準備」を使います。ルビの設定も復習します。この例題では段落以外の編集記号が挿入されます。2.2 節を参照して、編集記号を表示しておきましょう。

①「添付と共有準備」を開き、「添付と共有」というファイル名で［名前を付けて保存］する

②1 行目を HG 創英角ポップ体・16 ポイント・中央揃えに、2 行目を右揃えにする

③2 行目の氏名部分を選択状態にして、［ホーム］タブの（ルビ）をクリックする

④［ルビ］ダイアログボックスで、氏名にルビを設定する

⑤9 行目「添付ファイル」から 17 行目「…必要になる」までを範囲指定する

⑥［レイアウト］タブの（段組み）をクリックして、［2 段］を選ぶ

⑦1 段目の最後「OneDrive（クラウド)」の行頭をクリックしてカーソルを置く

⑧［レイアウト］タブの（区切り）をクリックして、（段区切り）を選ぶ

⑨「添付と共有」を上書き保存する

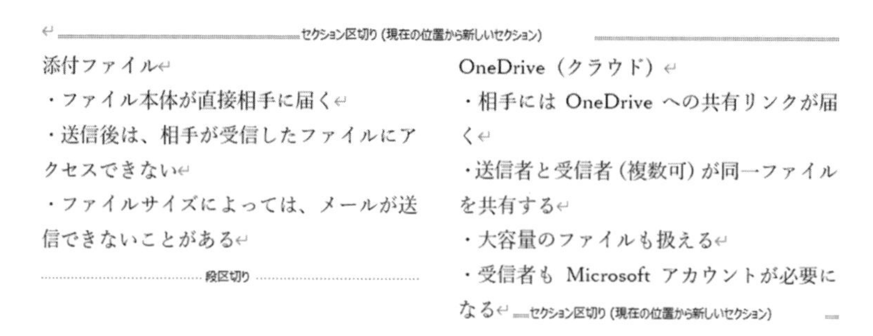

セクション区切り (現在の位置から新しいセクション)

添付ファイル
・ファイル本体が直接相手に届く
・送信後は、相手が受信したファイルにアクセスできない
・ファイルサイズによっては、メールが送信できないことがある

段区切り

OneDrive（クラウド）
・相手には OneDrive への共有リンクが届く
・送信者と受信者（複数可）が同一ファイルを共有する
・大容量のファイルも扱える
・受信者も Microsoft アカウントが必要になる

セクション区切り (現在の位置から新しいセクション)

図3.4 例題3.1 段組みの設定

3.2 図形の挿入

(1) 図形

Word には、線、基本図形、などのグループに分かれた、さまざまな図形が用意されています（図 3.5)。たとえば、簡単なテキストをメモのように文書中に貼り付けるときは、「テキストボックス」という図形を使います。テキストボックス内の文字列は、本文から独立して文字書式・段落書式が設定できます。また、四角形、リボン、吹き出しなど、内部にテキストを追加できる図形も多くあります。

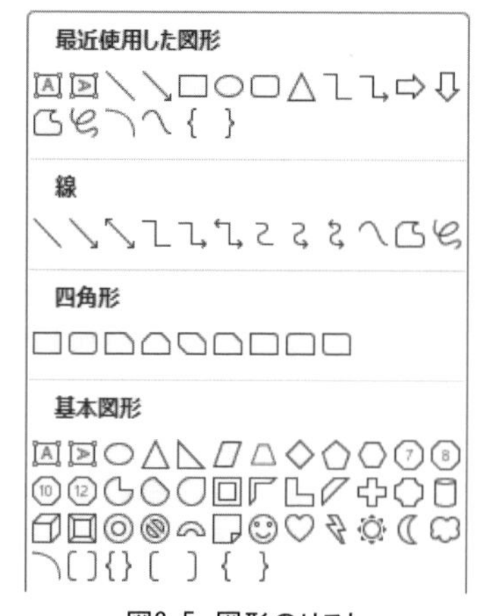

図3.5 図形のリスト

(2) 図形の挿入

図形を挿入するには、［挿入］タブ―［図］グループから（図形）をクリックして、図 3.5 で示したリストから図形を選択します。そのあと、文書中の任意の場所でドラッグすると、その範囲に図形が描画されます。こうして挿入された図形を描画オブジェクトとよびます。

なお、テキストボックスについては、［挿入］タブ―［テキスト］グループの（テキストボックス）をクリックすると、あらかじめ書式がデザインされたテキストボックスも選択できます。

(3) 図形の調節

(a) サイズの変更と移動

挿入された図形を選択すると、サイズ変更ハンドルが表示されます（図 3.6）。このハンドルをドラッグすると図形の大きさが変わります。また、［図形の書式］コンテキストタブの［サイズ］グループでは高さと幅を数値で指定できます（図 3.7）。

図形を移動するには、図形をポイントしてマウスポインタが になった状態でドラッグします。Ctrl を押しながらドラッグすると、コピーになるので、同形の図形を描くときに便利です。

ほかにも回転ハンドルと、図形によっては黄色い調整ハンドルが表示されることもあります（図 3.6）。前者をドラッグすると図形を回転させることができ、後者をドラッグすると図形の形状を変化させることができます。

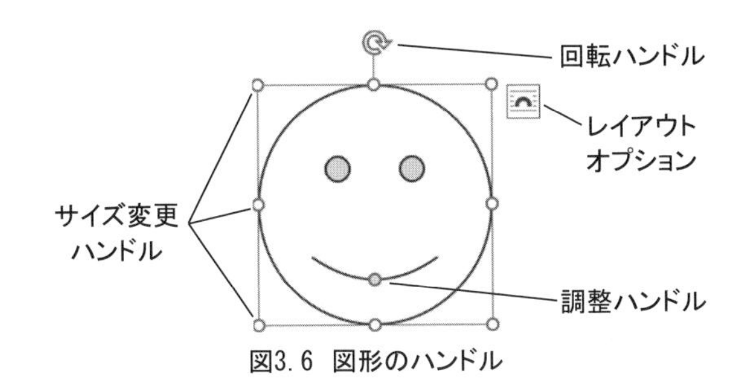

図3.6 図形のハンドル

図3.7 ［サイズ］グループ

(b) スタイル

図形は規定で塗りつぶしや枠線の色が設定されています。その書式を変更することも多くなります。そのためには、［図形の書式］コンテキストタブ―［図形のスタイル］グループから （図形の塗りつぶし）や （図形の枠線）を使います。クイックスタイルのギャラリーから、あらかじめデザインされたスタイルも選べます（図 3.8）。

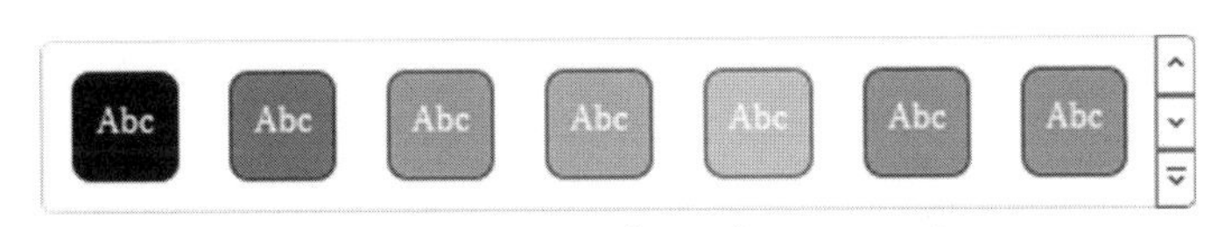

図3.8 ［図形のスタイル］グループのクイックスタイル

(c) 文字列の折り返し

本文中に図形を挿入するときは、本文テキストとの関係が重要になります。これが「文字列の折り返し」という設定です。文字列の折り返しは、図形をクリックして選択後、右上に表示される （レイアウトオプション）（図 3.6 参照）から、簡単に設定することができます（図 3.9）。［書式］コンテキストタブの［配置］グループで （文字列の折り返し）からも同じ設定ができます。

たとえば、文字列を図形の周囲で折り返す（回り込ませる）なら［四角形］を、ひとつの大きな絵文字のように文字列に挿入するには［行内］を選びます。図形の挿入では、既定で［前面］という設定になります（図 3.10）。

(d) 削除

図形を削除するには、目的の図形をクリックして選択し、Delete を押します。

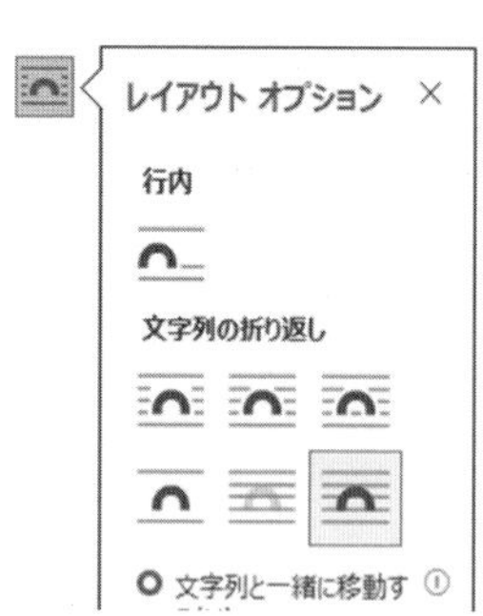

図3.9 レイアウトオプション

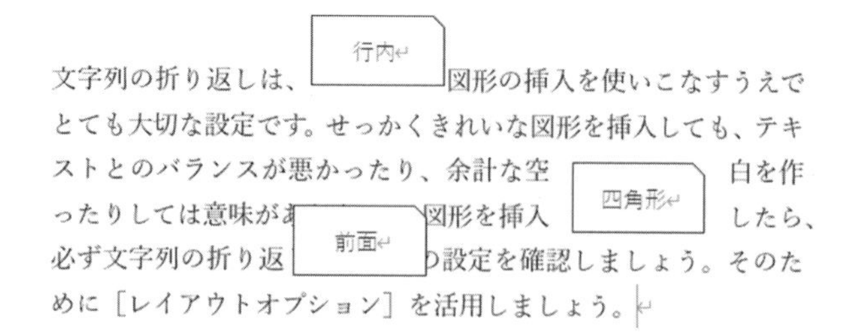

図3. 10 折り返しの例

3.3　グループ化と順序

(1) グループ化

複数の図形は、グループ化によって合成してしまうと扱いやすくなります。グループ化した図形は、ひとつの描画オブジェクトとして移動したりサイズを変更したりできます。塗りつぶしや枠線、文字列の折り返しも、まとめて設定できます。なお、文字列の折り返しを［行内］に設定している図形はグループ化できません。

グループ化するには、まずCtrlを押しながらクリックして、まとめたい複数の図形を選択していきます。次に［図形の書式］コンテキストタブの［配置］グループで、（グループ化）から（グループ化）を選択します。（グループ解除）も同じコマンドから選べます。

(2) 順序

複数の図形を組み合わせるときは、重なり、すなわち順序に注意が必要です。図形は後から挿入したものほど「前面」に描かれます。たとえば、図 3.11 のような図を描くには、●⇒☆の順に挿入するとうまく重なります。

図形の順序を変更するには、その図形を選択してから、［書式］コンテキストタブ―［配置］グループの（前面へ移動）または（背面へ移動）コマンドを使います。それぞれのから［最前面に移動］、［最背面に移動］を選ぶのもよいでしょう。

図3.11　図形の順序

Tips!　描画キャンバス

複数の図形をあつかうなら､描画キャンバスも便利です｡描画キャンバスを利用するには､図 3.5 のリストで、最下段の［新しい描画キャンバス］というコマンドを選択します。その後は、挿入された描画キャンバス内に、図形を描画していきます。描画キャンバスをドラッグすると、図形をまとめて移動できます。このときグループ化は不要です。

例題 3.2　図形の挿入

図 3.12 のように「添付と共有」に図形を挿入します。それぞれの図形は厳密に同じサイズでなくてよいので見た目であわせてください（サンプル参考値 :「雲」は高さ 25mm・幅 40mm、「スマイル」は高さ・幅 20mm）。

①［挿入］タブの（図形）をクリックして、基本図形から（雲）を選び、ドラッグして描画する

②同様に、フローチャートから（フローチャート : 複数書類）を選び、①の雲に重ねて描画する

③②の図形を選択し、［図形の書式］コンテキストタブで［図形の塗りつぶし］をテーマの色から［白、背景 1］にする

④［挿入］タブの（図形）をクリックして、基本図形から（スマイル）を選び描画する

⑤④の図形について、塗りつぶしを［白、背景 1］に、枠線を［黒、テキスト 1］にする

⑥同様に、基本図形から（テキストボックス）を描画して 送信者 と入力する

⑦⑥のテキストを範囲指定し、游ゴシック Light・9 ポイントにする

⑧⑦のテキストボックスを選択し、塗りつぶしを［塗りつぶしなし］、枠線を［線なし］に設定して、図 3.12 のように配置する

⑨図 3.12 を参照して残りの図形を挿入し、必要な調節を行う。以下の設定を基本とする

　テキストの書式は、［游ゴシック Light］・［9 ポイント］

　図形の塗りつぶしは、［白］または［塗りつぶしなし］

　図形の枠線は［黒、テキスト 1］または［線なし］

⑩「添付と共有」を上書き保存する

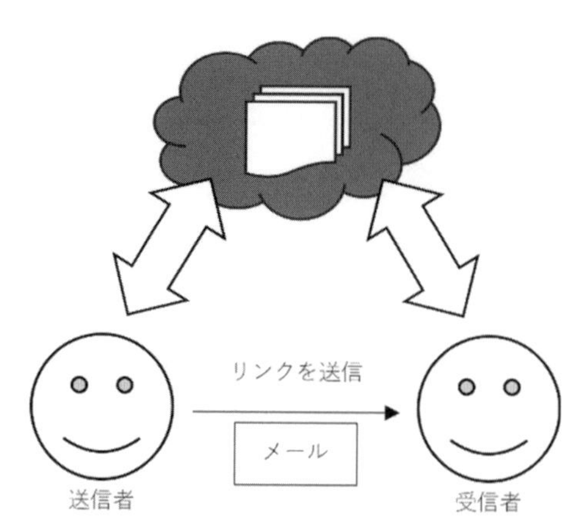

図3.12　例題3.2　図形の挿入

例題 3.3　図形のグループ化

例題 3.2 で挿入した図形をグループ化します。特にテキストボックスをクリックして選択するのは少しコツがいるので、しっかり練習してください。

①任意の図形を 1 つクリックして選択する

②Ctrl を押しながら残りの図形をクリックして追加選択していく。マウスポインタがまたはになった状態でクリックするのがコツ（うまくいかなければ、Ctrl のかわりに Shift を使う）

③すべての図形を選択したら、［図形の書式］コンテキストタブの（グループ化）をクリックして（グループ化）を選ぶ

④グループ化された図形をドラッグして位置を整える

⑤「添付と共有」を上書き保存する

3.4　文書の印刷

（1）印刷プレビュー

［ファイル］タブをクリックすると Backstage ビューになります。［印刷］を選ぶと、印刷設定と印刷プレビューが表示されます（図 3.13）。印刷プレビュー画面では、ページを移動したり、表示倍率を変えたりして印刷結果を確認します。不要な印刷はできるかぎり避けるようにしましょう。

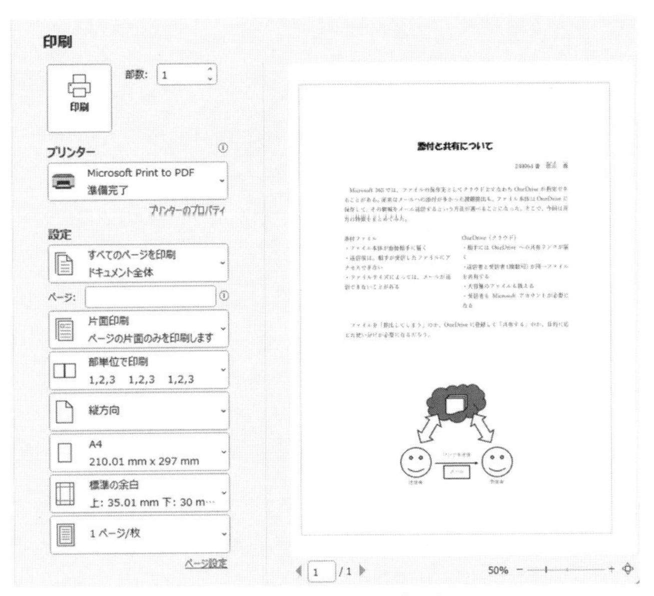

図3. 13 印刷設定と印刷プレビュー

(2) 印刷設定画面

印刷設定画面では、使用するプリンタの確認や印刷部数の設定をはじめ、用紙サイズや余白の変更などが変更できます。[ページ設定] ボタンからは、[レイアウト] タブ— [ページ設定] グループでダイアログボックスを起動したのと同じ、詳細設定のためのダイアログボックスが表示できます。印刷を実行するには (印刷) をクリックします。

(3) 印刷環境の確認

PC 教室では大学特有の利用規定があります。印刷関係についても、手順や決まりごとを確認しなければいけません。たとえば；

- 自分の席から使えるプリンタはどこか
- 印刷枚数に制限はあるか
- 用紙サイズは何が使えるのか
- カラー印刷は可能か
- 用紙切れのときはどうするか
- プリンタにエラーが出たらどうすればよいか

といったことに気をつける必要があるでしょう。

例題 3.4　文書の印刷（設定の確認）

「添付と共有」を使って、印刷の設定がどうなっているかプレビューも含めて確認しましょう。実際に印刷を実行するかどうかは、教員の指示に従ってください。

①［ファイル］タブをクリックし、［印刷］をクリックする

②印刷プレビューで「添付と共有」の状態を確認する

③総ページ数や、プリンタ名を確認する

④「添付と共有」を上書き保存する

練習問題 3

(1) 例題 3.4 で作成した「添付と共有」を開き、164 ページ例文 10 のように、図形を追加しなさい。できあがった図形はグループ化して、例文 11 のように例題 3.3 の図形の左側に配置する。

(2) 練習問題 2 (2)「探訪記」を開き、165 ページ例文 12 の図形を挿入、さらに例文 13 の指示に従って編集しなさい。

(3) 166 ページ例文 14「企画会議準備」を作成しなさい。この書類は Lesson 4 で使用します。

Lesson 4　　Word 3

画像とワードアートの挿入

4.1　画像の挿入

（1）画像の挿入

文書に絵や写真などを付け加えると、アクセントの効いた文書になるばかりでなく、視覚的な情報が加わり、内容の理解を促進する効果が期待できます。図形の挿入（3.2 節）に続き、ここでは画像の挿入を説明します。

画像を挿入するには、［挿入］タブ—［図］グループの（画像）ボタンをクリックし、画像の保存先を指定します。自身が保存している画像を使うときは［このデバイス］を選びましょう（図 4.1)。［図の挿入］ダイアログボックスでは、ファイルの場所を選び、ファイルを指定します。

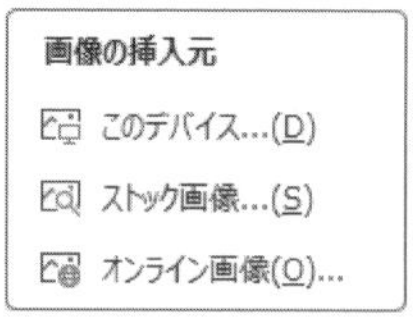

図4.1　画像の挿入元

図4.2　画像の挿入例

（2）画像の調節

図形と同じように、挿入した画像をクリックすると各種ハンドルが表示されるので、サイズの変更や回転ができます。枠線をドラッグすると移動できます。ただし、初期状態では文字列の折り返しが［行内］になっているので、文章中に自由に配置したいときは、レイアウトオプションによる変更が必要です（図 4.2)。［図の形式］コンテキストタブでは、より詳しい設定ができます。

画像を削除するには、その画像をクリックして選択して、サイズ変更ハンドルが表示された状態で Delete を押します。

（3）トリミングと圧縮

画像のなかで必要な部分だけ切り抜いて使いたいときはトリミングが便利です。挿入された画像を選択した後、［図の形式］コンテキストタブ—［サイズ］グループの（トリミング）をクリックします。画像にトリミング用のハンドルが表示されるので、必要箇所をドラッグして使いたい画像を囲むようにします。最後にもう一度（トリミング）または Enter を押して確定させます（図 4.3)。

図4. 3　画像のトリミング

画像ファイルは、場合によってはファイルサイズが大きいときもあります。結果的に文書全体のサイズも大きくなるので、これを避けるために画像ファイルを圧縮するという方法があります。目的の画像を選択した状態で、［図の形式］コンテキストタブから（図の圧縮）を選びましょう。高画質が求められるデータでなければ、もっとも圧縮率の高い（サイズが小さくなる）選択肢［電子メール用］でもおおむね問題ないでしょう（図 4.4）。図の圧縮を使えば、上記トリミング後に、不要なトリミング部分を恒久的に削除することもできます。

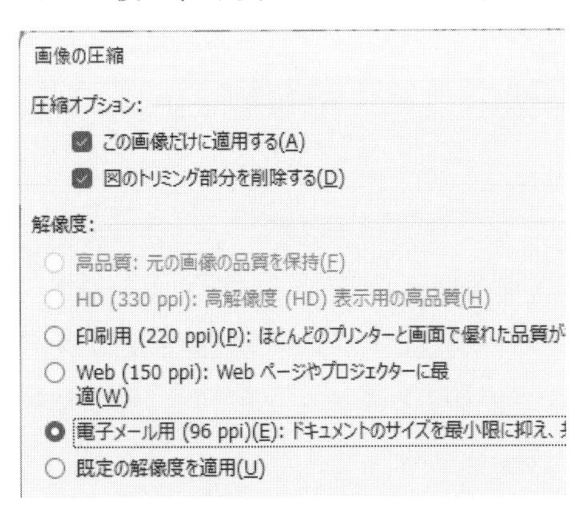

図4. 4 ［画像（図）の圧縮］ダイアログボックス

図4. 5　ストック画像の挿入

(4) ストック画像とオンライン画像の挿入

画像の挿入元（図 4.1 参照）の選択肢であるストック画像とオンライン画像について説明します。

(a) ストック画像

Microsoft が提供する素材集としてストック画像があります。これは近年 Office アプリのアップデートにあわせて強化されてきた機能です。挿入するには［画像の挿入元］で［ストック画像］を選びます。ダイアログボックスでは、単純なキーワード検索に加えて、画像の種類やタグによるフィルタを使いながら、写真やイラストを選んで利用することができます（図 4.5）。

(b) オンライン画像

インターネットで画像を検索して、ダウンロード、保存という手順を介さず、直接文書内に挿入するときは、画像の挿入元に［オンライン画像］を指定してください。［画像の挿入］ダイアログボックスが表示されるので、キーワードを入力することで Web と同様に検索エンジン Bing による画像検索がおこなわれます。

例題 4.1a　書式設定とセクションの追加

画像の挿入を練習します。練習問題 3（3）で作成した「企画会議準備」を使います。まず書式設定を復習し、さらにセクション区切りを使って 2 ページ目を作ります。この 2 ページ目は独立したページレイアウトにします。

①「企画会議準備」を開き、「企画会議」というファイル名で［名前を付けて保存］する
②余白を上下左右 25mm に設定する
③6 行目の表題 企画会議のお知らせ をフォント［游ゴシック Light］・フォントサイズ［14］に変更する
④図 4.6 を参照して段落の配置を変更する
⑤21 行目（本文最終行）にカーソルを置いて、［レイアウト］タブの［区切り］から（次のページから開始）を選ぶ
⑥図形が 1 ページ目に残ったときは、ドラッグして 2 ページ目に移しておく
⑦2 ページ目にカーソルを置き、［レイアウト］タブで印刷の向きを［横］にする
⑧2 ページ目にカーソルを置き、［レイアウト］タブ―［ページ設定］グループでダイアログボックスを起動して、文字数と行数の指定で［標準の文字数を使う］をチェックする（設定対象は［このセクション］）
⑨「企画会議」を上書き保存する

例題 4.1b　画像の挿入

2 ページ目に画像ファイルを挿入します。画像はサイズが大きいので圧縮します。カーソルが 2 ページ目にあることを確認してから進めてください。

①画像ファイル「photo1」の保存場所を確認する（開かなくてよい）

②［挿入］タブの（画像）をクリックして、［このデバイス］を選ぶ

③［図の挿入］ダイアログボックスで「photo1」を指定して［挿入］ボタンをクリックする

④［図の形式］コンテキストタブの［サイズ］グループで、画像の高さと幅を［100mm］にする

⑤画像をクリックして表示される（レイアウトオプション）から、文字列の折り返しを（背面）に設定する

⑥図 4.7 を参照して、画像と図形（地図）の位置を整える

⑦「企画会議」を上書き保存する

⑧［ファイル］タブをクリックして Backstage に入る

⑨［情報］を選択して、プロパティのうちのサイズを確認してから、（戻る）を使って文書画面に戻る

⑩挿入された photo1 を選んだ状態で、［図の形式］コンテキストタブの［図の圧縮］をクリックして、ダイアログボックスで［電子メール用（96ppi）］を選ぶ

⑪⑧⑨と同様の手順でファイルサイズを確認する

⑫「企画会議」を上書き保存する

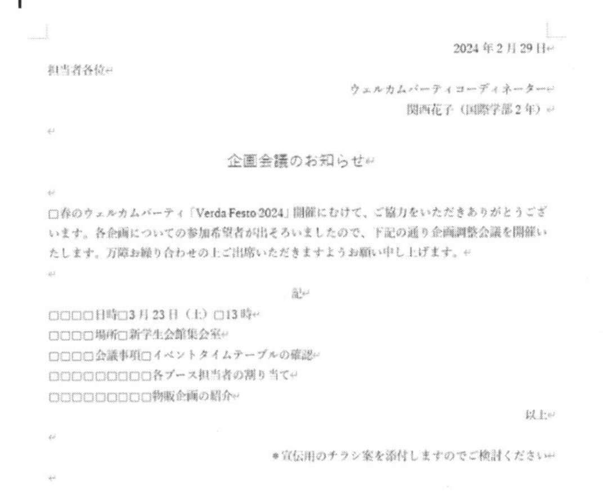

2024 年 2 月 29 日

担当者各位

ウェルカムパーティコーディネーター
関西花子（国際学部 2 年）

企画会議のお知らせ

□春のウェルカムパーティ「Verda Festo 2024」開催にむけて、ご協力をいただきありがとうございます。各企画についての参加希望者が出そろいましたので、下記の通り企画調整会議を開催いたします。万障お繰り合わせの上ご出席いただきますようお願い申し上げます。

記

□□□□日時□3 月 23 日（土）□13 時
□□□□場所□新学生会館集会室
□□□□会議事項□イベントタイムテーブルの確認
□□□□□□□□□□各ブース担当者の割り当て
□□□□□□□□□□物販企画の紹介

以上

＊宣伝用のチラシ案を添付しますのでご検討ください

図4.6　例題4.1a　書式設定(1ページ目)

図4.7　例題4.1b　画像の挿入(2ページ目)

4.2　ワードアートの挿入

（1）ワードアート

Word にはワードアートという、テキスト専用の修飾機能も用意されています。ワードアートとは、任意に入力した文字列を、クリップアートのようにグラフィックとして扱う機能です。文字の縁取りや塗りつぶし、影の付け方など、さまざまなデザインが選べます。

（2）ワードアートの挿入

ワードアートを挿入するには、［挿入］タブ―［テキスト］グループの（ワードアート）をクリックし（このとき、マウスポインタをあわせるとそのスタイルの名前が表示されます）、表示されたワードアートギャラリーで目的のスタイルを選択します（図 4.8）。文章中にワードアートの領域が挿入されるので、任意のテキストを入力してください（図 4.9）。

ワードアートを削除するには、その枠線をクリックしてカーソルが表示されない状態にして、Delete を押します。

（3）ワードアートの調節

ワードアートは［ホーム］タブから文字書式が変更できます。また、これまでと同じように、ハンドルを使ったサイズ変更や回転、ドラッグによる移動ができます。［図形の書式］コンテキストタブからは詳しい設定ができます。たとえば［ワードアートのスタイル］グループのギャラリーからは、最初に選んだスタイルを変更することも可能です。図形のときと同じで、塗りつぶしや枠線に関する設定もあります。

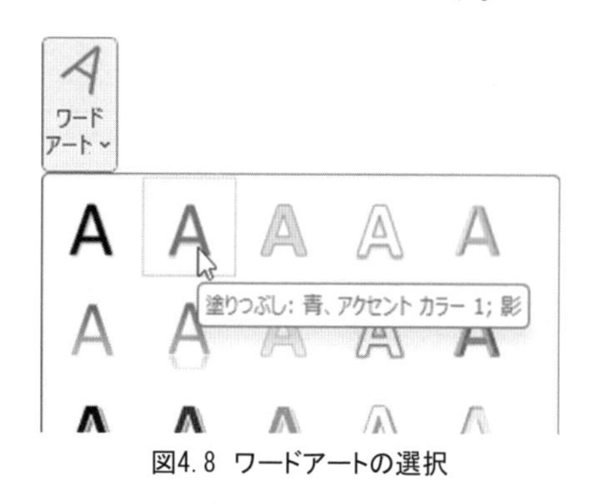

図4.8　ワードアートの選択

図4.9　ワードアートの例

Tips!　ワードアート化

すでに本文に入力した文字列にもワードアートのデザインが適用できます。文字列を選択した状態で、［ホーム］タブ―［フォント］グループの（文字の効果と体裁）をクリックすると、スタイルギャラリーが表示されます。ただし、これは本文としての文字書式なので、その部分だけを独立してドラッグしたり、回転させたりすることはできません。

例題 4.2　ワードアートの挿入

引き続き「企画会議」にワードアートを挿入します。なお、ワードアートの書式は任意のものでかまいません。イベントの内容も含めて自由にアレンジしてください。

①2 ページ目にカーソルを置く

②［挿入］タブの（ワードアート）をクリックし、ワードアートギャラリーで（塗りつぶし：ゴールド、アクセントカラー4；面取り（ソフト））を選ぶ

③「ここに文字を入力」という部分に「Verda Festo 2024」（または、任意の名称）と入力する

④入力した文字列を選択して［ホーム］タブから、フォントを［Snap ITC］、フォントサイズ［48］に変更する

⑤同様の手順で、ワードアート（塗りつぶし：青、アクセントカラー1；影）を挿入する

⑥文字列「新入生と留学生のための大交流会」と入力して、フォント［HG 丸ゴシック M-PRO］、フォントサイズ［24］に変更する

⑦2 つのワードアートを仮の位置に並べる（例題 4.3 で位置を調節）

⑧「企画会議」を上書き保存する

4.3　ページ罫線

（1）デザイン

これまでのような［挿入］タブからのオブジェクト挿入ではありませんが、文書全体のデザインを変更し印象を変える機能として［デザイン］タブがあります。

［ドキュメントの書式設定］グループではスタイルセット（フォントや書式の組み合わせ）ギャラリーがあって、簡単に美しいデザインが選べます。指定された書式ではなく、自分で文書をデザインするときに役立つ機能です。

（2）ページ罫線の追加

ページ罫線を追加するには、［デザイン］タブ―［ページの背景］グループの（ページ罫線）を選択します。［線種とページ罫線と網かけの設定］ダイアログボックスの［ページ罫線］タブでは、線の種類、線の太さ、絵柄などが選べます（図 4.10）。絵柄を選んだときに、ひとつひとつの絵のサイズを調節するときも［線の太さ］から指定します。

ページ罫線を削除するには、このダイアログボックスの［罫線なし］をクリックします。

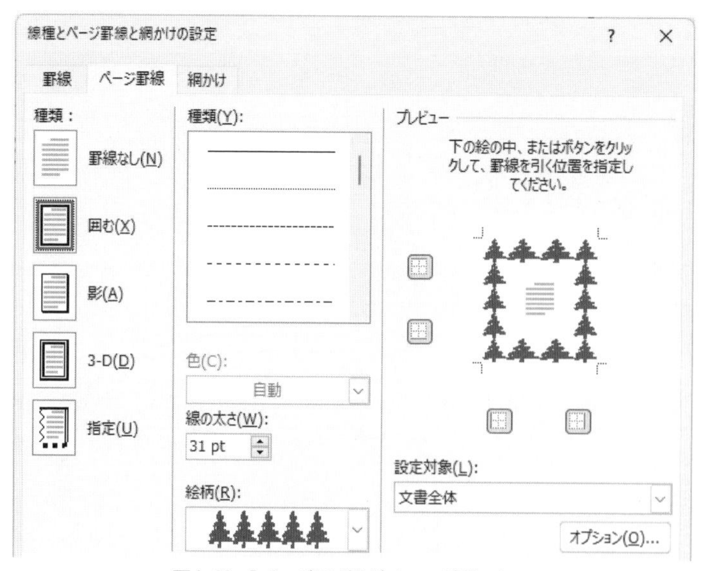

図4. 10 ［ページ罫線］ダイアログボックス

例題 4.3　ページ罫線の設定

例題 4.2 に続き、「企画会議」の 2 ページ目にページ罫線を設定して、図 4.11 のようにチラシを仕上げます。設定対象に注意しましょう。最後に図形（吹き出し）を挿入して文章を入力します。

①2 ページ目にカーソルを置く

②［デザイン］タブの（ページ罫線）をクリックして、［線種とページ罫線と網かけの設定］ダイアログボックス—［ページ罫線］タブの［絵柄］で［　］を選ぶ

③同ダイアログボックスで、［設定対象］から［このセクション］を選び、［OK］ボタンをクリックする

④［挿入］タブの（図形）から、（吹き出し：角を丸めた四角形）を挿入し、［図形の書式］コンテキストタブのスタイルギャラリーで（パステル - ゴールド、アクセント 4）を選ぶ

⑤［ホーム］タブ［段落］グループで配置を［両端揃え］にしてから、以下の文章を入力する

> 2024 年 5 月 19 日（日）午前 10 時～午後 4 時
>
> イベント企画①（午前 11 時～）アカペラ名曲集
> 　世界各国の民謡やヒット曲を紹介！
> イベント企画②（午後 2 時～）動画で紹介「西宮マップ」
> 　キャンパス内外のおすすめスポットを紹介！
> その他、多国籍ランチボックスの販売、質問・相談コーナーもあります！
>
> 問い合わせ：国際学部　関西花子（verdafesto@XXX.XX.jp）

⑥上記文字列について、フォント［HG 創英角ポップ体］、フォントサイズ［12］（1 行目のみ 18 ポイント）に変更する

⑦図 4.11 を参照して、ワードアート、図形、画像、地図の位置を調節する

⑧「企画会議」を上書き保存する

図4.11　例題4.3　ページ罫線の設定

練習問題 4

(1) 例題 4.3 で作成した「企画会議」を開き、167 ページ例文 15 のように、ワードアートを追加しなさい。

(2) 練習問題 3 (2)「探訪記」を開き、168 ページ例文 17 のように、ワードアートと画像を挿入しなさい。画像はストック画像やオンライン画像を使用して良いが、著作権・ライセンスに注意すること。

(3) 169 ページ例文 18「プロフィール」を作成しなさい。文書中には自己紹介の一環として、自分で撮影した写真を挿入する（肖像権や著作権に注意）。

Lesson 5　Word 4

長文の執筆

5.1 アウトライン

(1) アウトライン

卒業論文のような長い文章の場合、全体を見渡して構成を破綻させないようにすることが大切です。このような文章を作るにあたっては、アウトラインモードを使うと便利です。アウトラインは章や節などの見出し項目に「アウトラインレベル」を設定して、階層化することで文章の構成をわかりやすくする機能です。

アウトラインは入力された見出しや本文に対して、後から設定することもできますが、文章作成の段階からアウトラインを意識することで、より論理的な文章が作りやすくなります。文章の見出しとなりそうな「キーワード」あるいは「キーセンテンス」を書き出してアウトラインレベルを設定していけば、それらの階層や順序を変更して全体の構成を考えることができます。

(2) アウトラインの設定

[表示] タブ― [文書の表示] グループから☰ (アウトライン) をクリックすると、文書の表示がアウトラインモードに変更されて、[アウトライン] タブが表示されます (図 5.1)。

アウトラインモードでは、段落ごとにアウトラインレベルという 9 段階の階層構造を設定できます。まずレベルを設定する段落を選択してから、[アウトラインツール] グループの [アウトラインレベル] ボックスで⌄をクリックしてレベルを選びます。これらのアウトラインレベルは「章／節／項」や「1／1.1／1.1.a」といった見出しに付けるものと考えてください。本文には特別に [本文] というレベルを適用します。

通常の表示モードである印刷レイアウトに戻るときは、[アウトライン] タブの☒ (アウトライン表示を閉じる) をクリックしてください。

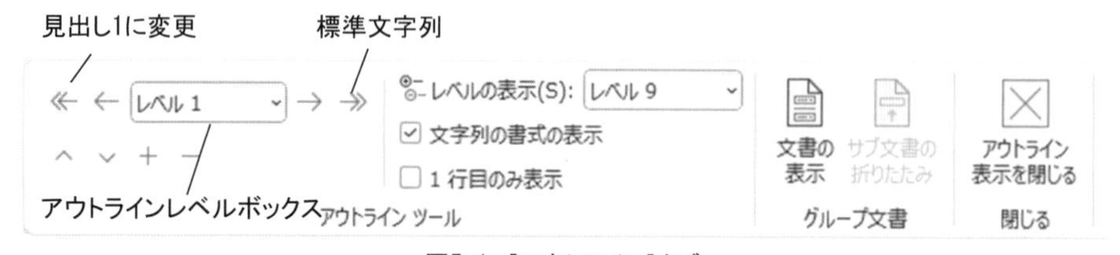

図5.1 [アウトライン]タブ

(3) アウトラインの変更

「レベル 2 をレベル 3」に「レベル 3 をレベル 1 に」というようなレベルの変更は、変更したい項目内にカーソルを置いて [アウトライン] タブ― [アウトラインツール] グループの← (レベル上げ)・→ (レベル下げ) を使います。「第 2 章第 1 節として作った項目を第 1 章に上げたい」というように、項目を上下させて構成を入れ替えるには、動かしたい項目内にカーソルを置いて∧ (上へ移動)・∨ (下へ移動) を使います。

同じ［アウトラインツール］グループの＋（展開）・―（折りたたみ）ボタンをクリックすると、その見出しに含まれる下位項目を展開したり折りたたんだりできます。また、（レベルの表示）からは、全文を通してどのレベルの「見出し」までを表示するかが選べます。必要に応じて表示レベルを調整することで、文章全体の流れを見渡しやすくなります（図 5.2）。

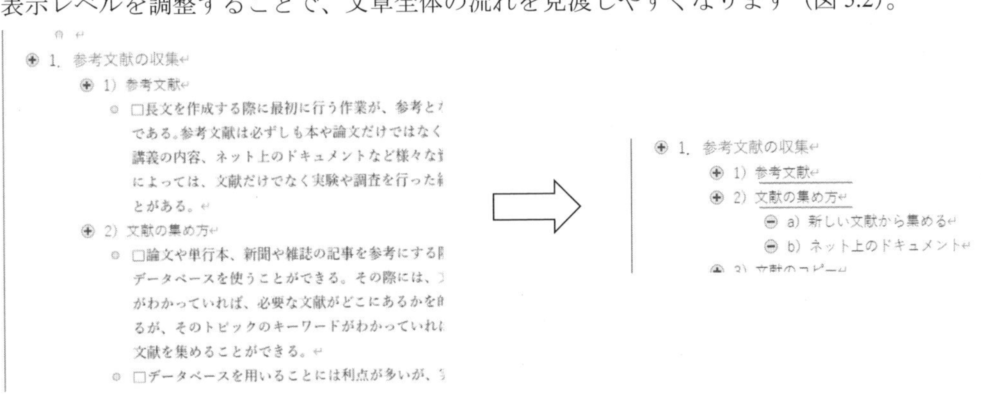

図5.2　アウトラインレベルの折りたたみ

(4) ナビゲーションウィンドウ

ナビゲーションウィンドウの［見出し］タブは、アウトラインモードと同じような機能を備えています。アウトラインレベルが設定された見出しが階層的に並んでいて、折りたたみや展開もできます。さらに、見出しをクリックすることで、表示中の文書画面で当該箇所にジャンプするので、長い文章中を行き来するのに大変便利な機能です（図 5.3）。

ナビゲーションウィンドウが表示されない場合、［表示］タブ―［表示］グループの［ナビゲーションウィンドウ］にチェックを付けてください。

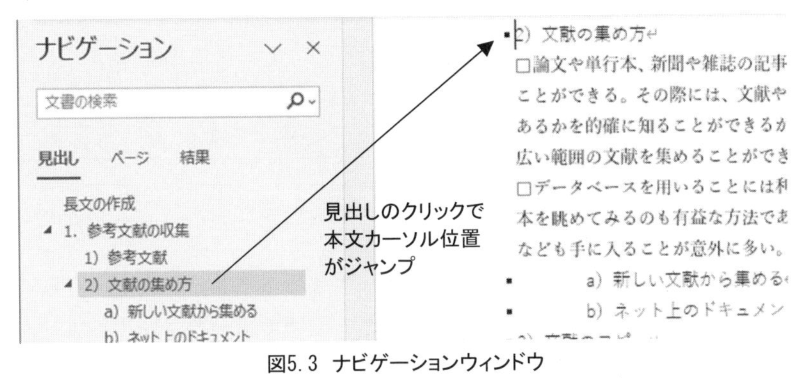

図5.3　ナビゲーションウィンドウ

(5) スタイルギャラリー

［ホーム］タブ―［スタイル］グループには、文字列のスタイルギャラリーがあります。スタイルとは、あらかじめ登録されている書式セットで、文字書式・段落書式をはじめ、タブや言語など、複雑な設定を繰り返し使うときにきわめて便利な機能です。特定のフォント・サイズ・配

置など、よく使う組み合わせを登録しておけば、スタイルギャラリーから選ぶだけで、すべての書式が一斉に適応されます。

このスタイルにある［見出し～］と、アウトラインレベルは一致しています。つまり、アウトラインレベル1を選ぶと［見出し 1］の内容がすべて適用されて、フォントや段落書式も変更されることになります。これはまた、スタイルで［見出し～］を選ぶだけで、アウトライン表示を使わずに、アウトラインレベルが付けられるということです。アウトラインレベルだけ付けて、書式を変更したくないときは設定しなおす必要があります。

スタイルは自分で新しく作ったり、既存の書式を変更したりできます。たとえば「見出し 1」が設定された段落で一部の書式を変更したあと、その状態を「見出し 1」のスタイルとして上書き登録することができます。それには、変更された段落にカーソルを置いて、上書きしたいスタイルをギャラリーで右クリックして、［選択個所と一致するように～を更新する］を選びます。

図5.4 ［ホーム］タブのクイックスタイルギャラリー

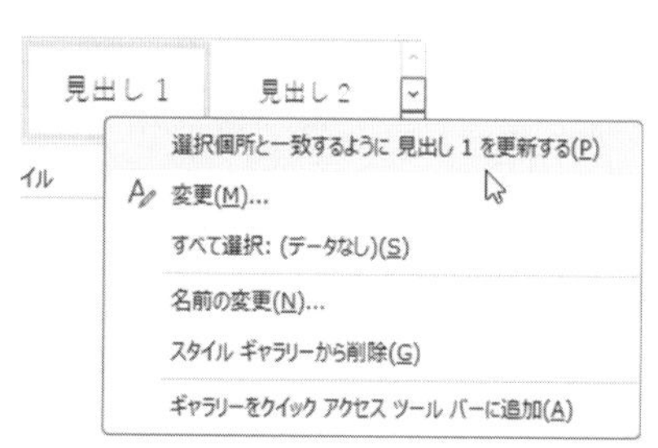

図5.5 スタイルの上書き

Tips!　スタイルと■

アウトラインレベルの設定や、文字列のスタイルを操作していると、段落の先頭に■という記号が付くことがあります。これは、スタイルの中にある種の設定が含まれているせいで、一部のスタイル/アウトラインレベルには避けられない表示です。画面では見えていても印刷されることはないので、そのままにしておきましょう。

例題 5.1a　アウトラインレベルの設定

「レポート作成心得」の段落にアウトラインレベルを設定します。作業中、画面左にナビゲーションウィンドウが表示されるかもしれませんが、この例題の段階では使用しません（閉じておいてもかまいません）。

①用意された「レポート作成心得」を開く

②［表示］タブの（アウトライン）をクリックして、アウトラインモードにする。アウトラインレベルがすべて［本文］になっていることを、段落先頭の記号◯で確認する

③先頭行「長文の作成」にカーソルを置き、［アウトラインレベル］ボックスから［レベル 1］を選ぶ

④「1. 参考文献の収集」の段落にカーソルを置き、③と同様の手順でアウトラインレベルを［レベル 1］にする

⑤「1）参考文献」の段落にカーソルを置き、アウトラインレベルを［レベル 2］にする

⑥以下、同様の手順でアウトラインレベルを設定していく

　「1. ～」の形式の見出しはレベル 1

　「1）～」の形式の見出しはレベル 2

　「a）～」の形式の見出しはレベル 3

⑦［アウトライン］タブの（レベルの表示）をクリックして［レベル 3］を選び、図 5.6 を参照して構成を確認する

⑧「レポート作成心得」を上書き保存する。

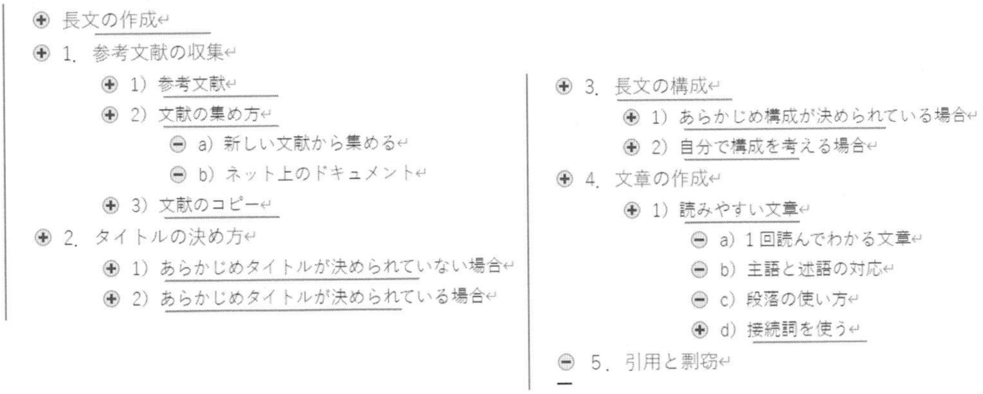

長文の作成
1. 参考文献の収集
1）参考文献
2）文献の集め方
a）新しい文献から集める
b）ネット上のドキュメント
3）文献のコピー
2. タイトルの決め方
1）あらかじめタイトルが決められていない場合
2）あらかじめタイトルが決められている場合
3. 長文の構成
1）あらかじめ構成が決められている場合
2）自分で構成を考える場合
4. 文章の作成
1）読みやすい文章
a）1 回読んでわかる文章
b）主語と述語の対応
c）段落の使い方
d）接続詞を使う
5. 引用と剽窃

図5. 6 例題5. 1a アウトラインレベルの設定

例題 5.1b　本文レベルの入力と、アウトラインの変更

アウトラインモードのまま、「レポート作成心得」に本文を追加入力します。そのあと、アウトラインの前後を入れ替える練習をしましょう。

①最終行「引用と剽窃」の下に空白行を挿入する

②挿入された行にカーソルを置き、［アウトライン］タブの（標準文字列）をクリックする

③次の文章を入力する（右端の折り返し位置は次のとおりでなくてよい）

参考文献やネット上の文章をそのまま、あるいは語尾などを少し変えて、あたかも自分の書いた文章のように見せかけるのは剽窃、すなわち他者の文章からの盗作である。剽窃はどんな短いものであれ長文を書く際には絶対に行ってはならない。
剽窃は
他人の詩歌・文章などの文句または説をぬすみ取って、自分のものとして発表すること（広辞苑）
と記されている。
どうしても他者の文章を載せる必要があれば、出典を明記した上で引用すればよい。このためにも長文の末尾には、参考文献や引用文献を載せることが、多くの場合求められている。

④「2. 1）あらかじめタイトルが決められていない場合」にカーソルを置き、（下へ移動）をクリックして見出し「2. 2）あらかじめタイトルが決められている場合」の下に移動する

⑤［アウトライン］タブの（レベルの表示）をクリックして［すべてのレベル］を選ぶ。④の見出しに続く本文が同時に移動していることを確認する

⑥上記 2 つの見出しについて番号を修正する

⑦任意の場所で［アウトライン］タブの（展開）・（折りたたみ）をクリックして、展開と折りたたみの動作を確認する

⑧［アウトライン］タブの（アウトライン表示を閉じる）をクリックして、印刷レイアウトに戻る

⑨「レポート作成心得」を上書き保存する

5.2　文字列の検索と置換

（1）検索

特定の文字列を探し出すには検索、検索した文字列を別の文字列に置き換えるには置換コマンドを使います。これは文章整形の必須機能として、すべてのワードプロセッサに備わっています。検索と置換の手順を理解しましょう。

たとえば「レポート」という言葉が文書内のどこに使われているか、すべての「レポート」をリストアップし、順番に移動するための機能が検索です。

検索するにはいくつか方法がありますが、次項「置換」と操作が近いという意味では、［ホーム］タブ—［編集］グループで、（検索）のから［高度な検索］を選ぶのが良いでしょう。

ナビゲーションウィンドウの［文書の検索］ボックス内に、文字列を入力する方法も簡単です。検索はすぐに始まり、結果がナビゲーションウィンドウと文書ウィンドウの両方でハイライトされます。・ボタンを使って検索結果を移動できます（図 5.7）。

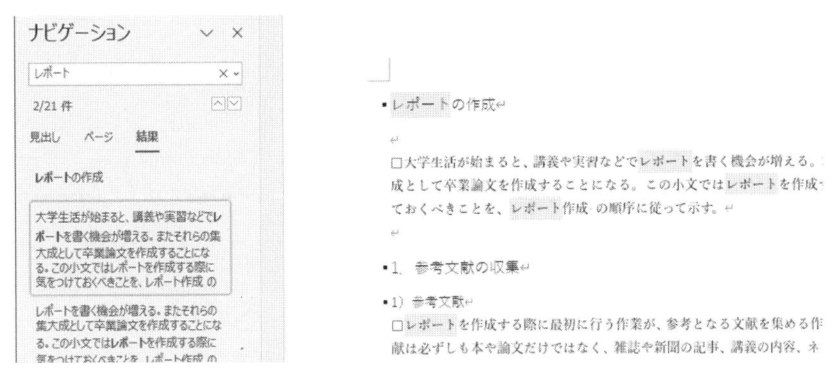

図5.7 ナビゲーションウィンドウでの検索

(2) 置換

たとえば文中の「パソコン」を「パーソナルコンピュータ」に変更するとします。文章を目で追って文字列を探し出し、その都度入力しなおしていては、文字列を見落とす可能性もあり、作業の時間もかかります。このようなときに置換機能を活用します。

置換するには、[ホーム] タブ― [編集] グループから (置換) を選びます。[検索と置換] ダイアログボックスが開くので、検索する文字列と置換する文字列を入力します（図 5.8)。[検索] タブと [置換] タブが隣り合っていることに気づくでしょう。

[オプション] ボタンをクリックすると、さらに詳しい設定ができます。たとえば [あいまい検索] のチェックを外すことで、半角と全角や、英字の大文字と小文字を区別した検索・置換ができるようになります。

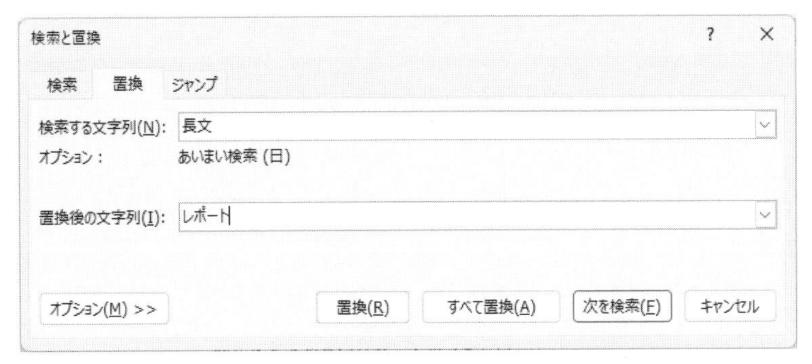

図5.8 [検索と置換]ダイアログボックス―[置換]タブ

(3) [すべて置換] と [置換]

[検索と置換] ダイアログボックス― [置換] タブで [すべて置換] ボタンをクリックすると、文章中の検索文字列はすべて一度に置換されます。

見つけた文字列を 1 か所ずつ確認しながら置換するには、[次を検索] と [置換] を組み合わせます。[置換] ボタンを使うと、今現在ストップしている 1 か所だけ置換したあと、自動的に次の検索語に移動して待機します。置換せずに次の検索語に移るには［次を検索］ボタンをクリックします。

例題 5.2　文字列の置換

「長文」という言葉を「レポート」に置き換えます。
①［ホーム］タブの（置換）をクリックする。
②検索する文字列に 長文 、置換後の文字列に レポート と入力する
③［すべて置換］ボタンをクリックすると、文中の「長文」が一斉に「レポート」に置き換わる
④「レポート作成心得」を上書き保存する

5.3　脚注の挿入

（1）脚注と文末脚注

脚注とは、文章中の単語や記載内容についての補足説明をする箇所です。脚注には、各ページの下に挿入される脚注と、文書全体や章の最後にまとまって挿入される文末脚注（後注）があります。どちらの脚注を使うか、あるいはどういった決まりで脚注を書くかということは、執筆する論文や授業での指導によります。

（2）脚注の挿入

脚注の挿入では、まず脚注を付けたい文字列の後ろにカーソルを置きます。［参考資料］タブ―［脚注］グループの ab¹（脚注の挿入）ボタンをクリックすると、文字列に脚注番号が付けられたうえで、カーソルはページ下段の脚注ウィンドウに移動します（図 5.9)。

脚注の削除は、文章中に挿入された脚注番号を選択し Delete を押します。脚注を追加したり削除したりするごとに、脚注番号は自動的に変化します。

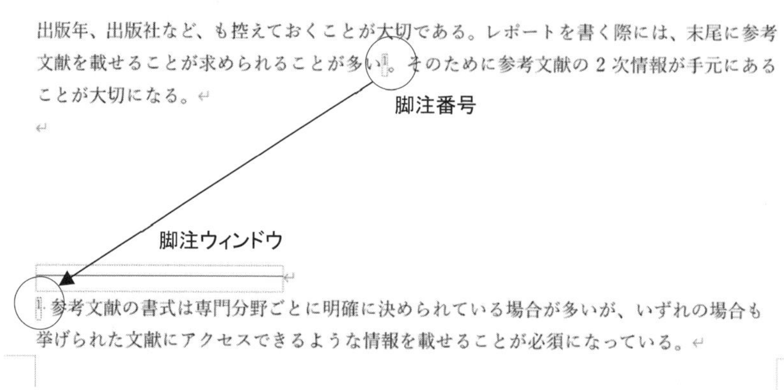

図5. 9　脚注と脚注ウィンドウ

例題 5.3　脚注の挿入

「レポート作成心得」に脚注を挿入します。以下の例題では位置を分かりやすくするために、行番号を「連続番号」で表示しておくとよいでしょう（2.3 節参照）。
①5 行目「レポート作成」の直後にカーソルを置く
②［参考資料］タブのab¹（脚注の挿入）をクリックする
③脚注ウィンドウに以下の文章を入力する
「ここで記されていることはレポートのみではなく、卒業論文を執筆する際にも多く当てはまることである。」
④脚注ウィンドウ内のフォントサイズを 9 ポイントにする
⑤本文中をクリックして、脚注ウィンドウからカーソルを移す
⑥26 行目「文献を載せることが求められることが多い」の直後に脚注を挿入する
⑦脚注ウィンドウに以下の文章を入力する
「参考文献の書式は専門分野ごとに明確に決められている場合が多いが、いずれの場合も挙げられた文献にアクセスできるような情報を載せることが必須になっている。」
⑧脚注ウィンドウ内のフォントサイズを 9 ポイントにする
⑨本文中をクリックして、脚注ウィンドウからカーソルを移す
⑩「レポート作成心得」を上書き保存する

5.4　インデントとタブの設定

（1）ルーラー

インデントとタブは、文字列の位置を整える段落書式です。インデントは、おもに段落の両端を設定し、タブは、段落中特定の場所まで文字列を移動するための「区切り」の役割をします。この 2 つの機能を利用するとき、文書画面の上部に水平ルーラー（＝定規）を表示させると便利です（図 5.10）。表示されていないときは、［表示］タブ―［表示］グループの［ルーラー］をチェックします。

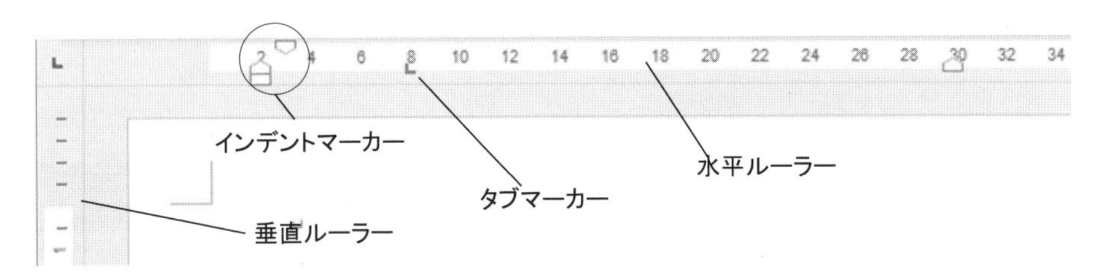

図5. 10　水平ルーラーと垂直ルーラーの表示

(2) インデントの設定

(a) インデントの利用

左余白から段落が始まるまでの間隔を左インデント、段落の右端から右余白までの間隔を右インデントといいます。インデントは段落書式のひとつです。

インデントを利用する場面は、

> 論文や雑誌の文章、小説の一節などを、数行にわたって引用する場合、筆者本人の書いた文章との違いを強調するために、段落の幅を狭くします。たとえば、この段落では、左インデント・右インデントが、それぞれ4字設定されています。

インデントの種類は、段落の最初の行だけ、書き出しを数文字下げる「1行目のインデント (字下げインデント)」や、段落の2行目以降を下げる「ぶら下げインデント」もあります (図5.11)。

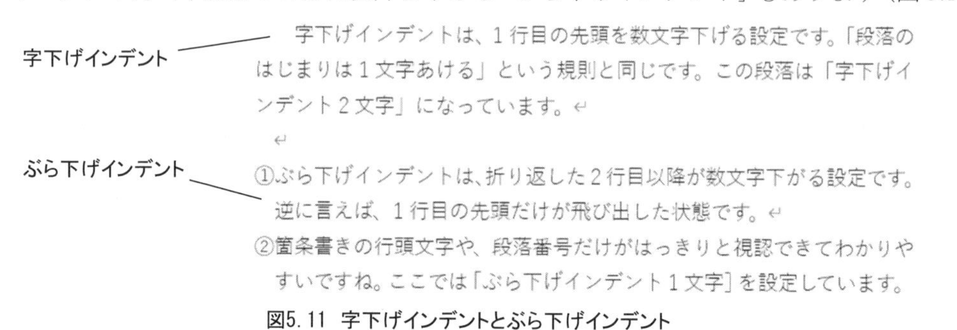

図5.11 字下げインデントとぶら下げインデント

(b) インデントの設定

インデントを設定するには、水平ルーラー上のインデントマーカー (図5.12) をドラッグします。Alt を押しながらドラッグすると、文字数が表示されて細かな調節が可能です。[ホーム] タブ— [段落] グループの (インデントを増やす) をクリックすると [左インデント]・[1行目のインデント]・[ぶら下げインデント] マーカーが同時に右に1文字分移動します。 (インデントを減らす) をクリックすると左に移動します。

また [レイアウト] タブ— [段落] グループでは、左右インデントが数値で指定できるほか、をクリックして [段落] ダイアログボックス— [インデントと行間隔] タブを開くと、詳細なインデント設定が行えます (図5.13)。

図5.12 インデントマーカー

図5.13 [インデントと行間隔]タブ

2.1節で述べた入力オートフォーマット機能がオンになっていると、Space や Tab を操作しているうちに、予期しないインデントが設定されることもあるので注意が必要です。

(3) タブの設定

(a) タブの利用

タブを利用する場面は行の途中で文字列を一定の位置に揃えるときです。

タブの用途	項目を一定の位置に揃える
タブの設定方法	タブマーカーを水平ルーラー上に設定し、Tab を押す
タブの種類	左揃え・中央揃え・右揃え・小数点揃え・縦棒

上の 5 種類のタブのうち、最初の 3 つはそれぞれ、文字列の始め・終わり・中央の位置を揃える場合に使用します。小数点揃えタブは、数字の桁や数字の位置を揃えるために使用します。

(b) タブマーカーの設定

タブの利用は多くの場合、複数行にわたる位置揃えになります。そのため、タブマーカーを設定するときは、まず目的とする段落をまとめて選択状態にします。そのあと、水平ルーラー上をクリックすると、選択したすべての行の同じ場所にタブマーカー（図 5.10 参照）が設定されます。Tab を押すと、→という編集記号が挿入され、カーソルから後の文章はタブマーカーまで移動します。編集記号を表示する設定になっていれば（2.2 節参照）、画面上で確認できます。

タブマーカーはドラッグして位置を変更できます。タブマーカーを削除するには、ルーラーの外へドラッグします。

タブマーカーの位置を明確に数値で指定するにはダイアログボックスを使います。目的の段落を選択状態にしてから、［ホーム］タブ―［段落］グループでダイアログボックスを起動して、左下の［タブ設定］ボタンをクリックします。すると、［タブとリーダー］ダイアログボックスが開くので、ここでタブの位置や種類を指定します。不要なタブの削除もおこなえます（図 5.14）。

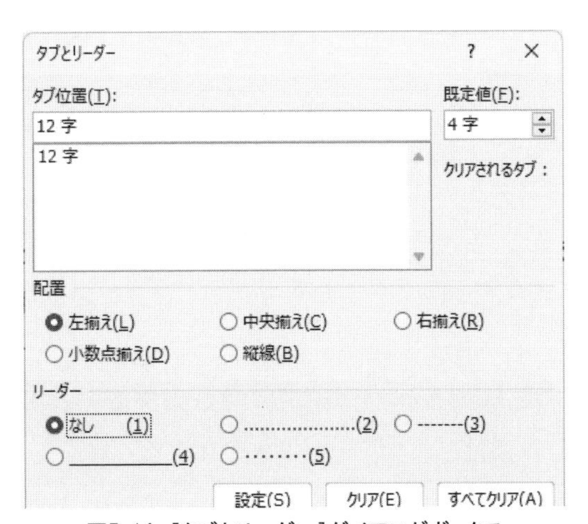

図5. 14 ［タブとリーダー］ダイアログボックス

例題 5.4a　左インデントの設定

「レポート作成心得」でインデントを調節します。アウトラインレベル 3 の段落は、スタイル「見出し 3」の設定により左インデントが付いているので、こちらも修正します。スタイルの上書きを練習しましょう。また、[ページ設定] を使って、1 ページの行数も変更します。

①[表示] タブ―[表示] グループの [ルーラー] にチェックを付ける
②74 行目「他人の詩歌・文章などを…」から始まる段落を選択する
③[ホーム] タブの (インデントを増やす) を 4 回クリックする
④21 行目「a) 新しい文献から…」にカーソルを置く
⑤[レイアウト] タブ―[段落] グループで、左インデントの [4 字] を [1 字] に変更する
⑥[ホーム] タブのスタイルギャラリーで [見出し 3] を右クリックして、表示されたメニューから、[選択個所と一致するように見出し 3 を更新する] を選ぶ
⑦残りの見出し 3 のインデントが変更されたことを確認する
⑧7 行目「1. 参考文献の収集」を選択状態にし、フォント [游ゴシック Medium]・サイズ [10.5] に変更する
⑨⑥と同様の手順で、スタイルギャラリーの [見出し 1] を更新し、すべての見出し 1 も書式が変更されることを確認する
⑩[レイアウト] タブ―[ページ設定] グループで、ダイアログボックスを起動する
⑪[ページ設定] ダイアログボックスで行数を [32] にする
⑫「レポート作成心得」を上書き保存する

例題 5.4b　ぶら下げインデントの設定

練習問題 (3) 1 で保存した「添付と共有」の 2 段組み部分に、図 5.15 のように、ぶら下げインデントを設定します。

①「添付と共有」を開く
②段組みの 1 段目 (「添付ファイル」の段) をすべて選択する
③[ホーム] タブ―[段落] グループのダイアログボックスを起動する
④[インデント] グループの、[最初の行] から [ぶら下げ] を選ぶ。幅は [1 字] が自動的に設定される
⑤同様の手順で、2 段目にぶら下げインデントを 1 字設定する
⑥行番号表示を解除して、「添付と共有」を上書き保存する

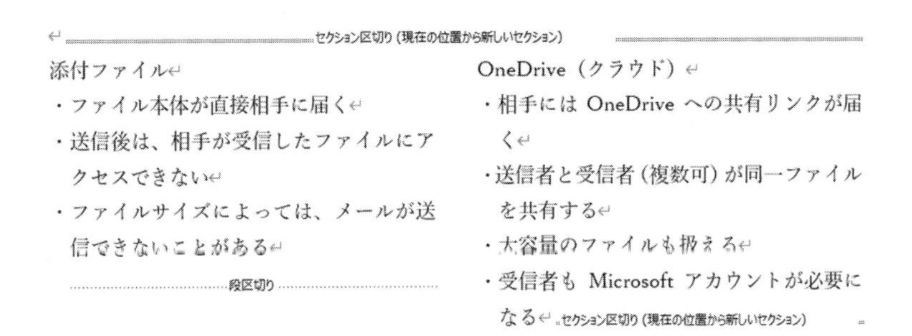

セクション区切り（現在の位置から新しいセクション）

添付ファイル
・ファイル本体が直接相手に届く
・送信後は、相手が受信したファイルにアクセスできない
・ファイルサイズによっては、メールが送信できないことがある
段区切り

OneDrive（クラウド）
・相手には OneDrive への共有リンクが届く
・送信者と受信者（複数可）が同一ファイルを共有する
・大容量のファイルも扱える
・受信者も Microsoft アカウントが必要になる
セクション区切り（現在の位置から新しいセクション）

図5.15　例題5.4b　ぶら下げインデントの設定

練習問題 5

(1) 例題 5.4 で作成した「レポート作成心得」を開き、169 ページ例文 19 を参照して本文を追加しなさい。そのあと、以下の指示に従って例文 20 のように「レポート作成心得」を完成させなさい。

・1 行目にクイックスタイル「表題」を適用する。

・ヘッダーに レポート作成心得、フッター中央にページ番号を表示する。

(2) 練習問題 4（2）「探訪記」を開き、以下の脚注 2 つを挿入して、フォントサイズを 9 ポイントにしなさい。そのあと、例文 21 のようにインデントとスタイルを設定しなさい。

①「西宮文学館」の本文「…ブラウン記念礼拝堂」の直後に、「森田原の校地購入に関わった銀行家 S.ブラウンの令息 J .P.ブラウンがチャペル建設の資金を提供したことからその名が使用されている。」を挿入

②「西宮文学館」の本文「…によって修復・復元」の直後に、「第二次世界大戦の空襲で焼失し、1993 年西宮市によって復元された。」を挿入

(3) 練習問題 4（1）で作成した「企画会議」1 ページ目に、172 ページ例文 22 のようにインデントとタブを設定しなさい。

Lesson 6　Microsoft Edge

Webの利用

6.1 Web の検索

（1）インターネットと Web

インターネットは、複数のコンピュータネットワークを接続した「ネットワークのネットワーク」です。インターネットを通じてわれわれは、世界各地で大小のネットワークを構成するおびただしい数のコンピュータやさまざまな機器と、データのやりとりをすることができます。

インターネットというしくみは、文章や映像による通信、ファイル交換、電子商取引、オンラインゲームなど、多種多様な使い方をされています。なかでも、皆さんがよく利用していて「インターネット」という言葉とほぼ同義語になっているサービスが World Wide Web（WWW）でしょう。

World Wide Web（以下、Web）では、インターネット上の Web ページが相互に参照可能（ハイパーリンク）となっています。Web を閲覧するには、Web ブラウザ（または単にブラウザ）とよばれるアプリを使用します。本節ではマイクロソフト社の Web ブラウザ Microsoft Edge（以下、Edge）を例に説明を進めます。

（2）Web 検索

Web 閲覧中に頻繁におこなわれる操作のひとつが検索です。気になった言葉、調べたいトピックを検索した経験は誰もがあるでしょうし、発表や論文作成にむけて資料集めの最初の一歩が Web での文献検索ということもあり得ます。

Edge では、わざわざ検索エンジンを開かなくても、Web ページの URL が表示されているアドレスバーが検索ボックスとして機能します。アドレスバーにキーワードを入力して Enter を押せば、検索エンジンが結果を表示します。初期設定ではマイクロソフト社が提供する検索エンジン Bing がその役割を担います。

検索については、複数の検索語を空白で区切って入力すると、すべての語を含むページを絞り込んで検索（AND 検索）する機能があります。普段から活用している人も多いでしょう。ほかにも、検索語に簡単な文字を付加することで詳細な検索ができるので、代表的なものを紹介しておきます（表 6.1）。なお、これらの追加文字を検索演算子とよびます。

表6.1 検索演算子の例

演算子	意味	使い方	例
OR	いずれかの検索語を含む	検索語の間に半角大文字 OR を入力	A OR B
-	特定の検索語を含まない	半角ハイフン「-」を付ける	A -B
" "	検索語の語順も含めて完全一致	半角ダブルクォートで挟む	"ABC"

(3) 画像検索

Webではテキスト情報ではなく画像を検索することも少なくないでしょう。GoogleやYahoo!、Bingなどの検索エンジンでは、通常のWebページ検索と区別して、画像検索とよんでいます。Lesson 4で触れたオンライン画像の挿入は、Bingの画像検索を利用するものでした。

Web上の画像の多くは著作権があって、無断で自由に使用できないものが大半です。しかし中には、著作権者が一定の条件をつけて、第三者の再利用を許可してくれることもあります。こうした使用許諾条件をライセンスといいます。

GoogleやBingの画像検索では、このライセンスによる検索結果の絞り込みが簡単にできるようになっています。乱暴な言い方ですが「自由に使ってもよい画像だけを検索する」といったことができるのです。たとえば、Bingの画像検索結果でウィンドウ右端の［フィルター］をクリックすると、フィルターのリストが表示されます。この中で［ライセンス］をドロップダウンすると、ライセンス内容に応じたフィルター（検索結果の抽出）が選べます（図6.1）。

図6.1 画像検索結果のライセンスによるフィルター(Bing)

なお、Edgeには早くからCopilotというAIが組み込まれていて、その機能は日々進化しています。検索ボックスの右端からCopilotを開くと（図6.2）、自然な文章で検索を進めることができます。ここでは詳しく触れませんが、今後、検索テクニックも変化していくことになるでしょう。

図6.2 Copilotの呼び出し

6.2 電子メール（E-mail）について

(1) Webメールとは

皆さんがスマートフォンでメッセージをやりとりする手段としては、SNSが真っ先に思い浮かぶかもしれません。大学の授業でも、教員と履修者の連絡網としてSNSでグループを作成した経験がある人もいるでしょう。

一方で、仕事上のメッセージやコンピュータ上でファイルを送付するために、従来からの電子メール（E-mail）も盛んに利用されています。就職活動では、自分の連絡先として大学のメールアドレスを登録することも多いでしょう。電子メールは、携帯電話会社のメールも含めてスマートフォンでも活用されていますが、ここではコンピュータでの電子メール（以下メール）利用を想定して、いくつか注意すべき点をあげておきます。

メールの利用形態は大きく分けて2種類あります。ひとつは、コンピュータにインストールしたメールサービス専用のアプリ（クライアントソフト）を利用する方法。もうひとつは、Webブラウザを使って“メールのサイト”にアクセスして、メッセージを送受信するWebメールです。例えば、Microsoft 365などのMicrosoft製品ではOutlook Web AppというWebメール（図6.3）を使用します（Outlookにはクライアントソフトもあります）。

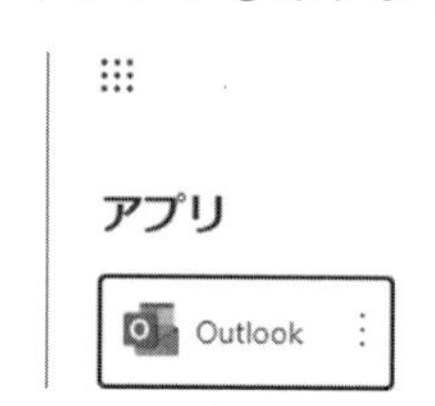

図6.3 Webメール(Microsoft 365のOutlook)

Webメールでは、メッセージをインターネット上のメールサーバで管理するため、インターネットにアクセスできる環境があれば、どこからでもメールの送受信ができるという利点があります。ただしメールサーバの不調によってデータが消失する可能性があることや、インターネットに接続できない状態になった場合は閲覧できないことなど、欠点も理解しておく必要があるでしょう。

スマートフォン・携帯電話での利用環境との違いについても注意が必要です。Webメールの場合、メール着信の通知があるとは限りません。ブラウザを起動してメールサーバに接続しなければ、新着メールの有無を確かめられないことも多いのです。また、メールがメールサーバに到着した時点で自動的な振り分けが行われることが多く、重要なメールが迷惑メールや優先度の低い扱いになってしまい、利用者の目に触れにくいこともあります。受信トレイ以外のメールボックスも定期的にチェックするようにしましょう。さらに、スマートフォンの設定によっては、コンピュータからのメールの受け取りを拒否される場合もあります。実際にやりとりをする際には、必ずお互いの環境を確認してください。

(2) メールを作成する

メールを作成するうえでの注意事項を述べておきます。大学名の入ったメールアドレスが付与されるはずですから、@以下も含めて、必ず自分のアドレスを確認しておきましょう。また、大学の作成したマニュアルがあれば、よく読んでおいてください。

(a) 宛先

宛先を正確に指定するのは当然ですが、万が一間違った宛先に送信してしまったときのことも覚えておきましょう。自身が送ったメールが誰に宛てたどのようなメールだったのかは、Web メール内の送信済みアイテムで確認ができます。さらに、英文であることが多いのですが、不達を知らせるメールが送信者に届くこともあります。

なお、宛先に準じる形で CC という欄があります。CC は Carbon Copy（カーボンコピー）の略で、宛先に送るメッセージのコピー（同じメール）が、CC のアドレスにも送信されます。「参考までにメールのコピーを送ります」というニュアンスで使われる機能です（図 6.4）。

図6.4 Outlookの新規メール作成画面

(b) 件名

メールの件名は、簡潔で本文の内容が伝わるものにしましょう。件名は必ず付けるように習慣づけてください。件名がないと迷惑メールと判定されることもあります。また後に述べるように、返信を意味する接頭辞「Re:」は正しく活用してください。

(c) 本文

Web メール上では、ワードプロセッサに近い感覚で、入力した文字のサイズや色を変更できる場合が多くなります。ただし、受信者の環境や設定によっては、単純に文字データしか届かないこともあります。文字だけでも十分に伝わる文面を心がけてください。

(d) 署名

メールアドレスだけでは本名が特定できないことも多いので、本文中で名乗ることが大変重要です。必要に応じて所属や連絡先などの情報を載せる場合もあります。

署名設定といって、あらかじめ任意の文字列を登録しておき、ワンクリックまたは自動的にメッセージに挿入する機能もあります。

(e) 添付ファイル

他のアプリで作ったファイルをメールとともに送信するには、添付ファイル機能を使います。課題提出や資料配布に利用されることも多いので、手順を確認しておきましょう。一方で、悪意のある添付ファイルも出回っていることが多く、見慣れないアドレスからのメールの添付ファイルは開かない、といった自衛手段も重要になってきます。

また、OneDrive などクラウドストレージ（次項参照）のファイルを添付するときには、ファイル本体（実際にはそのコピー）を送信する場合もあれば、ストレージ上のアドレス（URL 形式）だけを共有する場面も増えています。

とくにファイル添付のつもりで、共有リンクを送信してしまうケースが目立ちます。メール環境は人によってさまざまですが、手順の中で「添付」「コピーを送信」（リンクのコピーではない）といった選択肢がファイル添付になります。どうしてもうまくいかない場合は、当該ファイルをデスクトップやダウンロードフォルダーに置いた状態で、添付の手順を試してみてください。

逆に、「リンクを共有」という選択肢や、「メール上の添付ファイル名をポイントすると URL が表示される」などが、共有リンクのサインになります。

Tips!　返信機能について

メールの返信機能を使うと、宛先（＝返信先）のメールアドレスを入力する手間が省けます。また、多くの場合、元の件名の先頭に「Re:」を加えた件名が自動的に付けられます。さらに重要な点として、メールの情報（メールヘッダ）に「特定のメールへの返信である」という内容が書き込まれることがあげられます。このメールヘッダの情報を元にすることで、メールサーバやクライアントソフト内で、一連のやりとりをまとめて閲覧するスレッド表示が可能になります。
この点を別な面から考えてみると、新たな案件・主題のメールを書く際には、返信機能は使ってはならないといえます。送信相手のメールアドレスを探す手間を省くためだけに、過去にその相手から受け取ったメールに「返信」することでメールを書き始めるのは避けたほうがよい、ということになります。たとえ件名を新しく書き換えても、ヘッダー情報が残るからです。

6.3　クラウドストレージ

（1）OneDrive とは

クラウドという言葉を耳にする機会が増えました。クラウド（クラウドサービス）とは、ネットワーク上にあるさまざまなリソースを活用するサービスの総合的な呼び名です。特にわれわれに、身近なクラウドサービスとして、クラウドストレージ（オンラインストレージ）があげられます。たとえば、iPhone ならば iCloud というクラウドストレージが使われています。Dropbox や

Google ドライブといったサービスもよく利用されています。

なかでも Windows や Microsoft 365 の利用開始を機に、OneDrive を使い始める人が多いでしょう。OneDrive は Microsoft が提供しているクラウドストレージです。在学中は、大学が契約した OneDrive を使うことも多くなってきました。はじめから 1TB 以上のスペースを与えられることが多く、学内ネットワーク上のファイルサーバとは比較にならない大容量になっています。

クラウドストレージはインターネット上の保存場所なので、ネット接続さえ確保できればデバイスや場所を問わず利用が可能です。また、1 つのファイルに自宅でも大学でもアクセスできるので、作業の継続性が保てます。それぞれのファイルがインターネット上の特定の場所を占めるので、Web ページのように URL を知らせることで、複数のユーザーがアクセスしてファイルを共有することもできます。

(2) OneDrive へのアクセス

OneDrive はさまざまなアクセス方法があって、それぞれ使い勝手が異なります。ここでは、代表的な OneDrive へのアクセスを 2 つ紹介しますので、それぞれの特徴を掴んでおいてください。

(a) Microsoft アカウント

OneDrive を利用するには、Microsoft アカウントの登録が必要になります。OneDrive 内の共有ファイルにアクセスするときも、まず Microsoft アカウントでのサインインが求められるでしょう。多くの場合、この Microsoft アカウントは Windows か Microsoft 365 のセットアップ時に設定します。

(b) OneDrive フォルダー

皆さん自身のデバイスを使うとき、最も考えられる利用形態が「OneDrive フォルダーを同期させる」というものです。

Windows や Mac OS 上で、OneDrive アプリをインストールすると、デバイス上に OneDrive と同期するフォルダーが作成されます。本来の「書類」フォルダーのようにファイルを出し入れすることもできますし、中身のファイルをダブルクリックで開いて編集することもできます。ただし、これは言わば OneDrive と同内容のコピーフォルダーです。このフォルダーについて行った作業は、逐次ネット上の OneDrive と同期します。

もし、ネット接続が切断されていても、デバイス上の OneDrive フォルダーは見えていて、ファイルの出し入れができるはずです（ネットがつながった際に同期する）。

もっとも、この同期がうまく働かないことがあるようで、デバイス側で保存した内容が、別なデバイスでアクセスしたネット上の OneDrive のファイルに反映されていない（反映するのに時間がかかる）といったトラブルが見られます。

(c) ブラウザから

一方、大学の環境でよく見られるのが、Web ブラウザを使った OneDrive へのアクセスです。OneDrive または Microsoft 365 のサイトからサインインすると OneDrive 内のファイルやフォルダーが一覧表示されます（OneDrive でホーム画面が表示されていてファイルが探しにくいときは、［自分のファイル］表示に切り替えてみましょう）。

ブラウザで開いた OneDrive は、一種のフォルダーウィンドウのようなもので、ドラッグ・アンド・ドロップでファイルを出し入れすることが可能です。また OneDrive のメニューにもアップロードとダウンロードのコマンドがあるので、ファイルを選択して操作することも可能です。

注意点として、ブラウザ上の OneDrive では、目的のファイルを直接クリックしてしまうと、365 アプリのオンライン版（以下 Web アプリ）を使って、ブラウザ上で書類を開いてしまうということがあげられます。Web アプリは、デバイス本体に 365 アプリがインストールされていなくても、一定の作業ができる無料のアプリですが、機能が限定されていたり、画面表示が通常のアプリ（Web アプリに対して、デスクトップアプリといいます）とは使い勝手が異なります。内容確認や、基本的な編集作業はできますが、授業ではデスクトップアプリの利用を前提としていますので注意してください。この場合、ブラウザ内のファイルを一度使用中の PC にダウンロードして作業するのがおすすめですが、以降も OneDrive 上で共有するためには、作業が終わったあとでそのファイルを OneDrive にアップロードし直す必要があります。

(d) 環境を知ろう

大学の PC 教室では、サインインの時点で OneDrive への接続は切断されていることが多いようです。このとき、365 アプリから OneDrive にサインインするために、何度もアカウントでの認証を繰り返すなど、手順に時間がかかることもあります。自分のデバイスでは常時接続していても、大学内の Wi-Fi を使うタイミングで OneDrive との接続が途切れてしまっていることもあります。自身の環境を必ず確認しておきましょう。

Tips!　複数の OneDrive を使っている場合

PC を購入してセットアップすると、その段階で OneDrive が設定されます。その後、大学からも OneDrive を与えられることが多いのですが、その場合、利用者は複数の OneDrive をもつことになります。インターネット上にまったく異なる保存場所を 2 箇所登録するようなものなので、後々の作業に際しては、どの OneDrive に保存したのか、あるいは保存するのかを意識しておくことが重要です。また、利用中に OneDrive のアカウントを切り替える必要もでてきます。

Lesson 7　Excel 1

データの入力と書式設定

7.1　表計算とは

（1）表計算の利用

大学生が社会に出る前に身につけておくべきものにコンピュータの操作があげられますが、その中でも表計算をマスターすることは、非常に重要だといわれています。表計算の必要性や活用法の広さを知り、この機会にその基本的な部分を習得していきましょう。もちろん、大学での各分野の学びや、サークル活動などの大学生活でもいろいろな場面で活用できます。

表計算とは、データの集計や分析に用いるアプリです。表計算を利用すると、見やすい表形式で整理されたデータから、正確に計算を実行し、結果をすばやく表示します。

アプリの作業スペースであるワークシート（スプレッドシート）には、セルとよばれる升目がたくさん並んでいます。そのセルに計算に使用するデータや数式を入力したり、罫線や色を付けたりして、表を完成させます。また、その表からグラフを作成（グラフ作成機能）し、説得力のある資料（プレゼンテーション機能）を作成することもできます（図 7.1）。

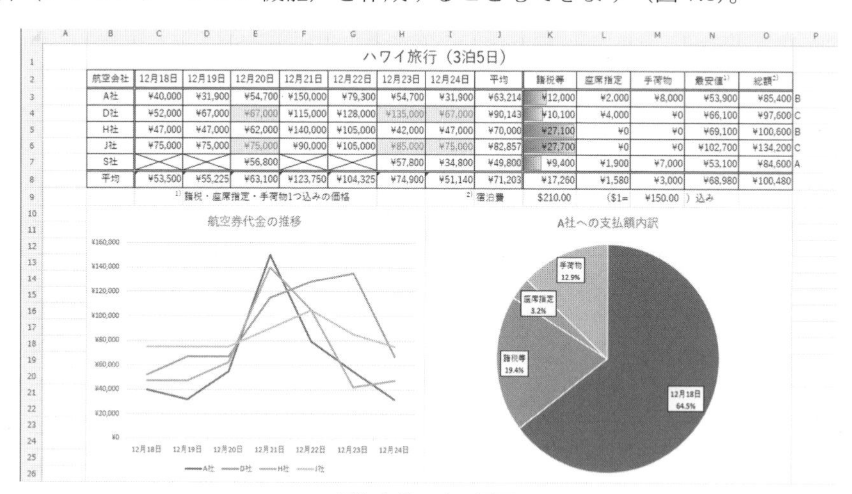

ハワイ旅行（3泊5日）

航空会社	12月18日	12月19日	12月20日	12月21日	12月22日	12月23日	12月24日	平均	諸税等	座席指定	手荷物	最安値1)	総額2)	
A社	¥40,000	¥31,900	¥54,700	¥150,000	¥79,300	¥54,700	¥31,900	¥63,214	¥12,000	¥2,000	¥8,000	¥53,900	¥85,400	B
D社	¥52,000	¥67,000	¥67,000	¥115,000	¥128,000	¥135,000	¥67,000	¥90,143	¥10,100	¥4,000	¥0	¥66,100	¥97,600	C
H社	¥47,000	¥47,000	¥62,000	¥140,000	¥105,000	¥42,000	¥47,000	¥70,000	¥27,100	¥0	¥0	¥69,100	¥100,600	B
J社	¥75,000	¥75,000	¥75,000	¥90,000	¥105,000	¥85,000	¥75,000	¥82,857	¥27,700	¥0	¥0	¥102,700	¥134,200	C
S社			¥56,800			¥57,800	¥34,800	¥49,800	¥9,400	¥1,900	¥7,000	¥53,100	¥84,600	A
平均	¥53,500	¥55,225	¥63,100	¥123,750	¥104,325	¥74,900	¥51,140	¥71,203	¥17,260	¥1,580	¥3,000	¥68,980	¥100,480	

1) 諸税・座席指定・手荷物1つ込みの価格　2) 宿泊費 $210.00 （$1= ¥150.00 ）込み

図7.1 Excelの画面

作成された表やグラフは、データをワークシート上で修正すると、瞬時に結果も修正されます（再計算機能）。また、必要なデータのみを抽出して表示したり（フィルタ機能）、要求した順番に並べ替えたり（ソート機能）と、データベースとしての利用も可能となっています。

（2）Excel とは

Microsoft 365 の Excel（以下 Excel）は、マイクロソフト社が開発した表計算アプリです。Excel は、現在、世界中で多くの利用者をもつアプリの 1 つです。また、ほかの表計算も考え方や操作法はほぼ同じですから、Excel を学んでおけば、その知識や技術をそのまま活用することができるでしょう。

(3) Excel を使い始めるにあたって

Excel にも、2.1 節でふれたような、自動入力にかかわる機能があります。たとえば、あるセル内に最初の文字をタイプしたとき、入力済みのセル内容で補完されます。これはオートコンプリートという機能です。ほかにも Word 同様、スペルチェックやオートコレクト機能もあります。効率的な入力のためのこうした機能も、場合によってはオフにする必要があるでしょう。

例題 7.1　Excel のオプションの変更

オートコンプリート、オートコレクトをオフにします。なお、これらの機能を積極的に活用したい場合は、設定を変更する必要はありません。

①Excel を起動し、新しいブックを開く

②［ファイル］タブをクリックして Backstage を表示し、［オプション］をクリックする

③［Excel のオプション］ダイアログボックスで、［詳細設定］をクリックする

④図 7.2 を参照しながら、［オートコンプリートを使用する］のチェックを外す

⑤同様に［Excel のオプション］ダイアログボックスで、［文章校正］から［オートコレクトのオプション］をクリックする

⑥図 7.2 を参照しながら、［オートコレクト］ダイアログボックス―［オートコレクトタブ］で○で囲まれた項目のチェックを外す

⑦［OK］ボタンをクリックして、ダイアログボックスを閉じる

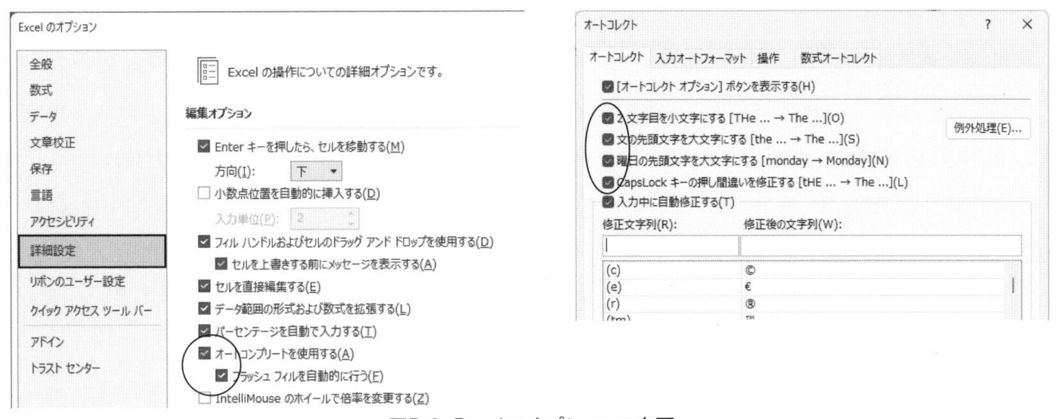

図7.2 Excelのオプションの変更

7.2　表作成の基本

(1) 英数字の入力とセルアドレス

セルには、英数字・日本語・数式などが入力できます。まず、基本となる英数字の入力について学びましょう。セルをマウスでクリックすると、そのセルは太い枠で囲まれます。これをアク

ティブセルとよびます。英数字を入力するには、対象となるセルをアクティブセルにし、キーボードのキーを押します。入力が終わったら Enter を押して確定します。数値データはセル内で右揃えに、文字データは左揃えに配置されます。

セルに入力された英数字を修正する場合は、そのセルを再びアクティブにして正しい英数字を再入力します。また、セルをダブルクリックするとカーソルが点滅する編集モードになり、一部のみを修正することもできます。

数値データの桁数がセル幅を超えた場合は、幅は自動的に調整され広くなります。文字データがセル幅を超えた場合、隣のセルが空白ならば、そのまま文字がセルをはみ出して表示されます。

セルの場所を特定するには各列上端の A、B、C…と表示された列番号と、各行左端の 1、2、3…と表示された行番号を組み合わせたセルアドレスを使います（例：セル A1、C5 など)。

(2) 日本語の入力

日本語を入力するのは 1.3 節で説明した方法と同じです。ただし、Excel では初期設定（Excel を起動したときの状態）では IME がオフ、すなわち半角英数字の入力モード（A）になっています。「数値を入力することの多い Excel では、IME オフが標準である」と理解してください。

日本語入力が必要なときに 半角/全角 を押して IME をオンにしましょう。日本語入力が終われば、もう一度 半角/全角 を押して、半角英数モードに戻すことを忘れないようにしましょう。

(3) オートフィル

連続するセルにデータを埋め込むときは、フィル機能を使うと便利です。アクティブセルを囲む緑の枠線は、右下隅がフィルハンドル（図 7.3）になっています。このハンドルをドラッグすることで、データを隣接するセルに入力できます。この操作をオートフィルとよびます。

アクティブセルのデータにあらかじめ登録されたパターンがあるときは、そのパターンに従ってセルが埋まっていきます。たとえば「日」と入力されたセルをオートフィルすると、「月、火、水、・・・」のように曜日のデータが入力されます。パターンがなければ、同一データの連続コピーになります。

オートフィル利用時、ドラッグする手を放すと（オートフィルオプション）が表示され、クリックするとさまざまなフィルの形式が選べます（図 7.3)。

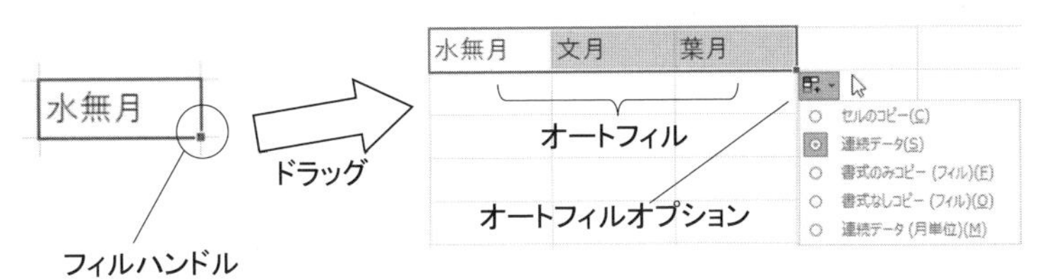

図7.3　フィルハンドルとオートフィル

例題 7.2　表の入力

図 7.4 のように、セルに数値や文字を入力する練習をします。日本語の入力だけは IME をオンにして、その後はオフに戻します。オートフィルオプションも使ってみましょう。なお原則として英数字は半角で入力してください。

①IME をオンにする

②セル B1 をクリックしてアクティブにして「ハワイ旅行（3 泊 5 日）」と入力して Enter を押す

③図 7.4 を参照して、同じようにセル B2～B8、J2、K2 に文字を入力する。括弧は半角

④IME をオフに戻す

⑤セル C2 をアクティブにして「11/18」と入力し Enter を押す。すると「11 月 18 日」と表示される

⑥セル C2 のフィルハンドルを I2 までドラッグすると「11 月 24 日」まで連続で入力できる

⑦図 7.4 を参照して、セル C3～I7 に数値を入力する

⑧「ハワイ旅行」というファイル名で保存する

	A	B	C	D	E	F	G	H	I	J	K
1		ハワイ旅行（3泊5日）									
2		航空会社	11月18日	11月19日	11月20日	11月21日	11月22日	11月23日	11月24日	平均	総額2)
3		A社	29900	31900	54700	107500	79300	54700	31900		
4		D社	82500	67000	67000	115000	128000	135000	67000		
5		H社	47000	47000	85000	140000	125000	62500	47000		
6		J社	75000	75000	75000	162500	105000	85000	75000		
7		S社			56800			57800	34800		
8		平均									

図7.4　例題7.2　表の入力

7.3　セル書式

(1) セルの選択

ワークシートのセルをクリックすると、そのセルは選択されアクティブセルとなります。ほかのセルをクリックしてアクティブにすると、元のアクティブセルは解除されます。セルの選択では、複数のセルを同時に選択する場合もあります。ここでは、4 つのセル選択方法を紹介します。必要に応じで使い分けてください。

最初は、選択するセルが隣接していて矩形（長方形）の場合です。このときは、その範囲の始点から終点までをドラッグします。

また、矩形の始点をクリックして選択したあと、マウスポインタを終点にあわせてShiftキーを押しながらクリックすると、その範囲が選択されます。広い範囲の指定に便利です。

さらに、離れた位置にある複数のセルを選択することもあります。このときは、1つ目のセルを選択しておいて、Ctrlを押しながら2つ目以降のセルを追加選択していきます。

最後に、行または列を選択する場合です。このときは、行番号または列番号をクリックします。行列あわせて、すべてのセルを選択する場合は、（全セル選択ボタン）をクリックします。

(2) セルの移動とコピー

アクティブセルの枠をマウスでポイントすると、マウスポインタ（マウスアイコン）の形がからに変化します。この状態でドラッグし移動先のセルでマウスボタンを離すと、セル内容が移動します。このときCtrlを押すと、移動中のマウスポインタがに変化します。この状態でドロップすると、アクティブセルの内容はそのまま残り、ドロップ先にはセル内容がコピーされます。

(3) [セル] グループ

(a) セル・行・列の挿入

新しいセルを挿入するには、[ホーム] タブ―[セル] グループの（挿入）をクリックします。すると、アクティブセルの場所に新しいセルが挿入され、アクティブセルの内容はひとつ下の行に移動します。これを「下方向にシフト」するとよびます。

（挿入）のからメニューを利用すると、セル以外に、行や列の挿入などが選択できます（図7.5）。このメニューで [セルの挿入] を選択すると、[セルの挿入] ダイアログボックスが表示され、アクティブセルをシフトさせる方向を選ぶことも可能です。

行や列の挿入は、行・列全体を選択した状態で（挿入）をクリックすることでもおこなえます。

(b) セル・行・列の削除

[ホーム] タブ―[セル] グループの（削除）とを使うと、ちょうど前項と似たような手順でセル・行・列の削除ができます（図7.6）。このときセルを削除した後に残りのセルが下から、または右から移動してきます。これらは「上方向にシフト」「左方向にシフト」するといいます。

行・列の削除については、行・列全体を選択して（削除）をクリックすることでもおこなえます。

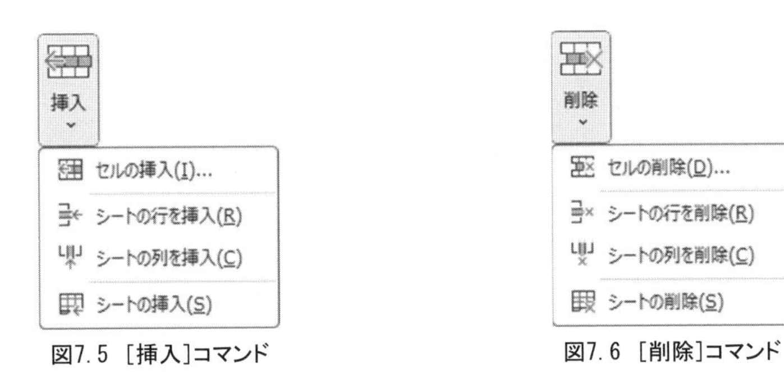

図7.5 ［挿入］コマンド　　図7.6 ［削除］コマンド

(c) セル幅の変更

セル幅を変更するには、列番号の境界線をマウスでポイントし、マウスポインタがから に変化した状態で左右にドラッグします。このとき、セル幅を示す数値が表示されます。たとえば幅 10.00 というのは、半角 10 文字分という意味になります。複数の列を同じ幅にしたいときは、対象となる列を同時に選択しておいて、その中の任意の 1 列で列番号の境界線をドラッグします（図 7.7）。選択された全ての列が同じ列幅になります。

同様に、行の高さは行番号の境界線をドラッグすることで変更できます。このとき表示される数値の単位は、フォントサイズと同じでポイント（1 ポイント＝約 0.35mm）です。

列番号や行番号を右クリックすると、［列の幅］や［行の高さ］を数値指定するコマンドが選べます（図 7.8）。［セル］グループの［書式］コマンドからも同様の設定が可能です。

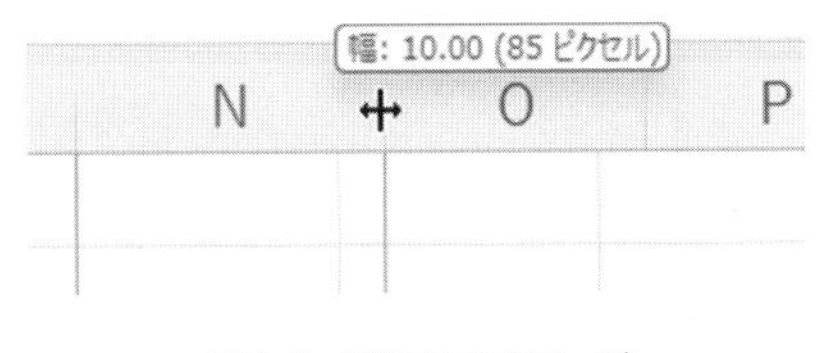

図7.7 列番号のドラッグ

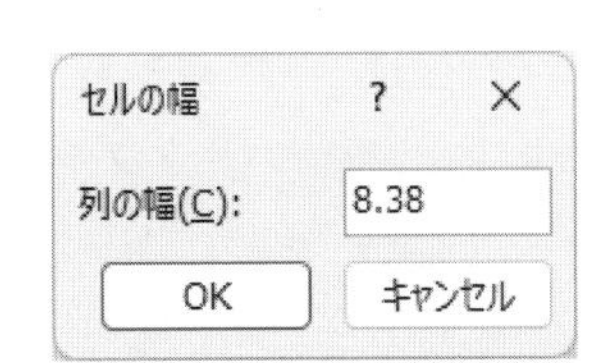

図7.8 ［セルの幅］ダイアログボックス

セルに入力されたデータをもとに、Excel の考える最適な列幅に自動調整することもできます。この最適化のためには、列番号の境界線をポイントしに変化した状態でダブルクリックします。行の高さの場合はマウスポインタがになりますが、同様の操作が可能です。

(d) 行列の表示・非表示

Excel では、行や列を一時的に非表示にできます。非表示にしたい列・行を選択して、［ホーム］タブ―［セル］グループの［書式］をクリックします。ドロップダウンされたリストで［非表示/再表示］をポイントし、［列を表示しない］など、サブコマンドから目的のコマンドを選びます。

非表示の行・列を再表示するときは、非表示になった列・行を挟む形で列・行を選択し、上記メニューから、再表示に関するコマンドを選びます。

(4)［配置］グループ

(a) セルを結合して中央揃え

複数のセルを結合して1つのセルとして扱うことができます。この機能を使用すると、セルを結合すると同時に、配置が中央揃えになります。たとえば、表のタイトルを表全体の横幅で中央に配置する場合に便利です。

セルを結合して中央揃えにするには、結合したいセルの範囲を選択してアクティブにし、［ホーム］タブ―［配置］グループの（セルを結合して中央揃え）をクリックします。結合されたセルを元の分割状態に戻すには、対象のセルをアクティブにして、もう一度をクリックします。結合したセル内では、さらに左揃えや右揃えに配置を変更することもできます。

(b) セル内の文字の配置

セル内の文字の配置については、Wordの表と同様に「上・中央・下」と「左・中央・右」を組み合わせた9通りの設定があります。いずれも［ホーム］タブ―［配置］グループのコマンドから選びます。また、セル内で文字列を任意の場所で改行するときは、Altを押しながらEnterを押します。

(5)［数値］グループ

(a) 小数点以下の表示桁数を増やす・減らす

数値データの場合、四捨五入する小数点の表示桁を調整することができます。対象のセルをアクティブにして、［ホーム］タブ―［数値］グループの（小数点以下の表示桁数を増やす）をクリックすると、そのたびに小数桁が1桁ずつ増えます。逆に、小数桁を減らすには、（小数点以下の表示桁数を減らす）をクリックします。

(b) 通貨表示形式・パーセントスタイル・桁区切りスタイル

Excelでは、金額を入力する機会が多くありますが、このとき利用したいのが通貨表示形式です。この機能は、数字と小数点だけを入力した数値データに、自動的に通貨単位と桁区切りのカンマを加えて表示する機能です。¥だけではなく、$（ドル）や€（ユーロ）をはじめ、さまざまな国の通貨記号が利用できます。

「パーセントスタイル」を適用すると、セルの数値は、100倍されたうえに%記号付きで表示されます。同時にいったん整数に四捨五入されます。たとえば、「0.256」と入力されているセルにパーセントスタイルを適用すると「26%」となります。「25.6%」のように小数第1位までを表示したい場合は「小数点以下の桁数を増やす」（前項参照）を併用してください。

「桁区切りスタイル」は、数値を3桁ごとにカンマで区切り、表示上はいったん整数に四捨五入します。たとえば、「1234.5」と入力されているセルに桁区切りスタイルを適用すると、「1,235」

となります。この書式では、マイナスの数字は赤色で表示されます。

これらのスタイルを利用するには、スタイルを変更したいセルをアクティブにしてから、［ホーム］タブ―［数値］グループで、各コマンドボタンをクリックします（図 7.9）。ダイアログボックス起動ツールを使うと、より詳しい表示形式が設定できます。

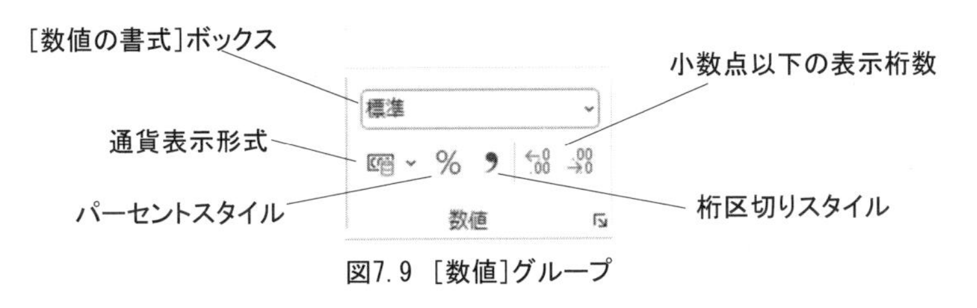

図7. 9 ［数値］グループ

Tips!　標準形式

上記のように［数値グループ］で表示形式の変更をおこなうときは、その形式をキャンセルする手順も覚えておきたいものです。
形式をキャンセルしたいセルをアクティブにして、［ホーム］タブ―［数値］グループの［数値の書式］ボックス（図 7.9）で［標準］を選びます。

（6）罫線

罫線を引きたいセル範囲を選択します。［ホーム］タブ―［フォント］グループの（罫線）右側の から罫線のリストをドロップダウンして、目的の線種をクリックします。罫線を削除するときは、［枠なし］を選んでください（図 7.10）。

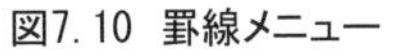
図7. 10 罫線メニュー

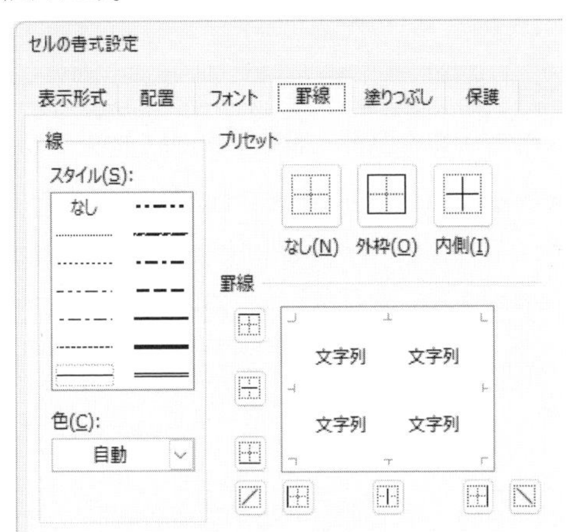

図7. 11 ［セルの書式設定］ダイアログボックスの［罫線］タブ

より複雑な設定の罫線を設定するには、まず目的とするセル範囲を指定してから、同じ罫線のリストの一番下にある［その他の罫線］を選びます。［セルの書式設定］ダイアログボックス―［罫線タブ］が開き、罫線の太さや種類、セル範囲のどの部分に罫線を設定するか、などを指定できます（図 7.11）。

また、同じメニューの（罫線の作成）をクリックすると、マウスポインタがに変わるので、線の色やスタイルを指定してから、セルの境界線をクリックして罫線を引いていきます。ポインタを標準状態に戻すにはEscを押します。

例題 7.3a　セル書式 1

「ハワイ旅行」に、図 7.13 のようにデータの追加とセル書式を設定します。

①列 K を選択して、［ホーム］タブの（挿入）を 4 回クリックする

②セル K2〜M7、N2 に文字や数値を入力する（途中図 7.12 参照）。N2 の括弧は半角

③セル B1〜O1 を選択して、［ホーム］タブの（セルを結合して中央揃え）をクリックする

④セル B1 をアクティブセルにして［ホーム］タブの［フォントサイズ］で［18］を選ぶ

⑤セル B2〜O2 を選択して、［ホーム］タブ—［配置］グループの（中央揃え）をクリックする。同様に、B3〜B8 も中央揃えにする

⑥列 B〜J をアクティブにして、その中の境界線（たとえば列 B と C の間）をポイントし、マウスポインタがに変化したら右にドラッグ。文字幅［9.00］になるところでマウスボタンを離す。同様に列 K〜O は文字幅［10.00］に設定する

⑦セル B2〜O8 をアクティブセルにして、［ホーム］タブの（下罫線）右側のをクリックし、リストから（格子）を選ぶ

⑧セル B2〜O2、B7〜O7 に対して、⑦と同じ手順で（下二重罫線）を選ぶ

⑨セル C2〜J8 をアクティブセルにして、⑦と同じ手順でリストの一番下にある［その他の罫線］をクリックする

⑩表示された［セルの書式設定］ダイアログボックスの［罫線タブ］で、線のスタイルから二重線を選択したあと、［罫線］プレビューで右と左をクリックし、［OK］をクリックする

⑪セル C7〜D7、F7〜G7 に対して、⑩と同じ手順で、一重線を指定して［罫線］の斜め（右上がりと右下がりの 2 つ）をクリックする

⑫「ハワイ旅行」を上書き保存する

K	L	M	N	O
諸税等	座席指定	手荷物	最安値1)	総額2
12000	4000	7000		
10100	4000	0		
27100	0	0		
27700	0	0		
9400	1900	7000		

図7. 12　例題7. 3a　セル書式（途中図②まで）

例題 7.3b　セル書式 2

図 7.13 を参照して、引き続きセル書式を設定していきます。

①セル C3〜O8 をアクティブにして［ホーム］タブの（通貨表示形式）をクリックする

②セル C9、D9、I9〜N9 について以下の点に留意して入力していく

C9 に「1)」　すべて半角。［ホーム］タブ―［フォント］グループのので［上付き］。右揃え

D9 に「諸税・座席指定・手荷物 1 つ込みの価格」

I9 に「2)」　すべて半角。［ホーム］タブ―［フォント］グループので［上付き］。右揃え

J9 に「宿泊費」

K9 に「210」　［ホーム］タブ―［数値］グループの（通貨表示形式）右側のから［$英語(米国)］を指定

L9 に「（$1=」括弧のみ全角。右揃え

M9 に「150」　［ホーム］タブ―［数値］グループの（通貨表示形式）右側のから［¥日本語］を指定

N9 に「）込み」括弧は全角

③セル N2 をダブルクリックして編集モードにして「1)」の 2 文字を選択。［ホーム］タブ―［フォント］グループので［上付き］

④セル O2 の「2)」も同様に上付きに設定する

⑤「ハワイ旅行」を上書き保存する

	A	B	C	D	E	F	G	H	I	J	K	L	M	N	O
1								ハワイ旅行（3泊5日）							
2		航空会社	11月18日	11月19日	11月20日	11月21日	11月22日	11月23日	11月24日	平均	諸税等	座席指定	手荷物	最安値[1)]	総額[2)]
3		A社	¥29,900	¥31,900	¥54,700	¥107,500	¥79,300	¥54,700	¥31,900		¥12,000	¥4,000	¥7,000		
4		D社	¥82,500	¥67,000	¥67,000	¥115,000	¥128,000	¥135,000	¥67,000		¥10,100	¥4,000	¥0		
5		H社	¥47,000	¥47,000	¥85,000	¥140,000	¥125,000	¥62,500	¥47,000		¥27,100	¥0	¥0		
6		J社	¥75,000	¥75,000	¥75,000	¥162,500	¥105,000	¥85,000	¥75,000		¥27,700	¥0	¥0		
7		S社			¥56,800			¥57,800	¥34,800		¥9,400	¥1,900	¥7,000		
8		平均													
9			[1)]	諸税・座席指定・手荷物1つ込みの価格					[2)]	宿泊費	$210.00	（$1=	¥150.00	）込み	

図7.13　例題7.3　セル書式　完成図

7.4　条件付き書式

（1）条件付き書式とは

セルには、条件を指定することにより実行される書式を設定することができます。条件に当てはまるセルの背景色を変えたり、数値の大小を簡易棒グラフとしてセル内で表現したりすることができ、説得力と信頼感のある表を作成することが簡単にできます。

条件付き書式は、対象となるセルをアクティブにしておいて、［ホーム］タブ―［スタイル］グループの（条件付き書式）をクリックして表示されるメニューを利用します（図 7.14）。

（2）上位／下位ルール

［ホーム］タブ―［スタイル］グループの（条件付き書式）から、（上位／下位ルール）をクリックするとメニューが表示されます（図 7.15）。利用したい条件をクリックして、さらにその条件に該当する場合のセルの書式を選びます。

（3）データバー

［ホーム］タブ―［スタイル］グループの（条件付き書式）から、（データバー）をクリックするとメニューが表示されます（図 7.16）。セルに入力された数値の大小を相対的に比較して、セルの背景が横棒グラフのように塗りつぶされます。

（4）条件付き書式の解除

設定した条件付き書式は、同じメニューの（ルールのクリア）から解除できます。選択したセルだけではなく、シート全体からルール（条件）をクリアすることもできます。

図7.14　条件付き書式

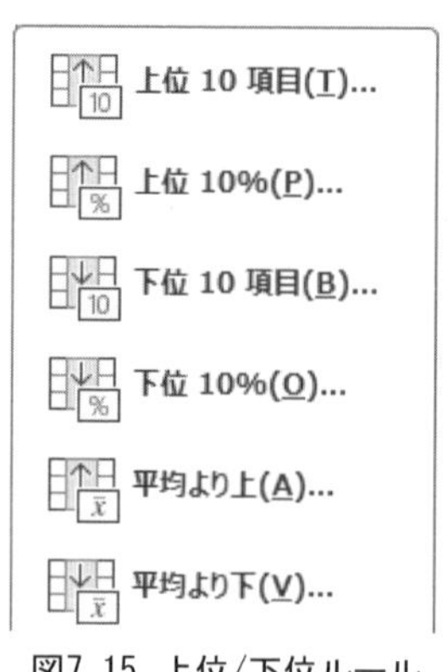

図7.15　上位/下位ルール

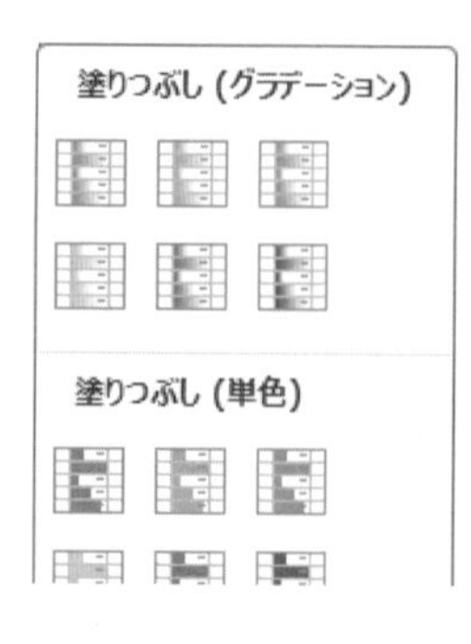

図7.16　データバー

例題 7.4　条件付き書式

図 7.17 のように 5 社の料金が揃っている日付について「平均以上」という条件付き書式を、また諸税等にはデータバーを設定します。

①セル E3〜E7 をアクティブセルにして、［ホーム］タブの（条件付き書式）から（上位/下位ルール）をポイントし、サブメニューから（平均より上）をクリックする

②表示されるダイアログボックスの［選択範囲内での書式］で［濃い黄色の文字、黄色の背景］を選択して、［OK］ボタンをクリックする

③セル H3〜H7、I3〜I7 についても同じ設定をする

④セル K3〜K7 をアクティブセルにして、（条件付き書式）から（データバー）をクリックし［青のデータバー］を選択する

⑤「ハワイ旅行」を上書き保存する

ハワイ旅行（3泊5日）

	E	F	G	H	I	J	K	
9日	11月20日	11月21日	11月22日	11月23日	11月24日	平均	諸税等	座席
,900	¥54,700	¥107,500	¥79,300	¥54,700	¥31,900		¥12,000	
,000	¥67,000	¥115,000	¥128,000	¥135,000	¥67,000		¥10,100	
,000	¥85,000	¥140,000	¥125,000	¥62,500	¥47,000		¥27,100	
,000	¥75,000	¥162,500	¥105,000	¥85,000	¥75,000		¥27,700	
	¥56,800			¥57,800	¥34,800		¥9,400	
座席指定・手荷物1つ込みの価格						2) 宿泊費	$210.00	

図7.17　例題7.4　条件付き書式　完成図

練習問題 7

(1) 172 ページ例文 23「大切な言葉」を作成しなさい。

(2) 172 ページ例文 24「達成度」を作成しなさい。

(3) 173 ページ例文 25「BMI 計算表」を作成しなさい。

Lesson 8　Excel 2

数式・関数の利用

8.1 数式の入力

(1) 数式とセルの参照

Excel などの表計算アプリを利用する大きな利点は、計算機能を使うときに実感できます。このときの計算というのは、四則計算から関数を用いた計算までさまざまです。

たとえば、「A は 500 円、B は 1000 円持っています。合わせていくら？」と聞かれたら「500 + 1000 ＝ 1500」という式を立てて計算します。Excel で同じ計算をするには、計算結果を出力するセルをアクティブにして、半角英数字で「=500+1000」と入力して Enter を押します。すると、アクティブセルには計算結果「1500」が、また、数式バーには入力した数式「=500 + 1000」が表示されます (図 8.1)。なお、このとき Excel では数式が開始されるという情報を先頭の「＝」で判断します。

Excel では表のデータが修正または更新された場合、それに応じて結果を表示する再計算機能があります。実際には、図 8.1 のように、数値を直接入力して数式を作ることは少なく、データが入力されたセルの場所、つまりセルアドレスを利用して数式を作ります。これを「セル参照」を用いた数式とよびます。

たとえば、セル B2 に A の所持金、C2 に B の所持金を入力しておいて、合計を求める D2 には「=B2 + C2」という数式を入力します。これは「セル B2 の数値とセル C2 の数値を足し算する」という意味になります (図 8.2)。

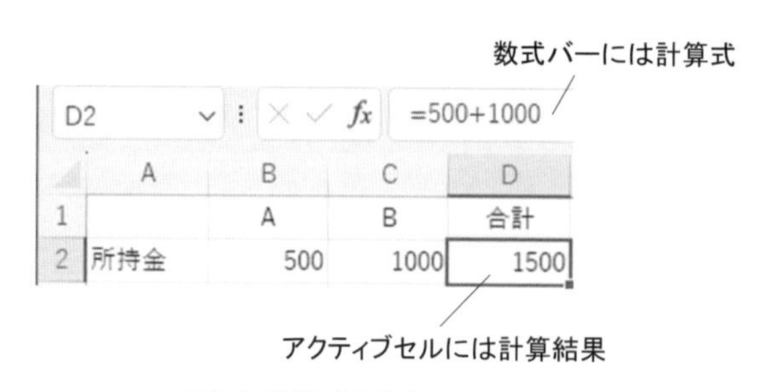

図8.1 計算式の入力

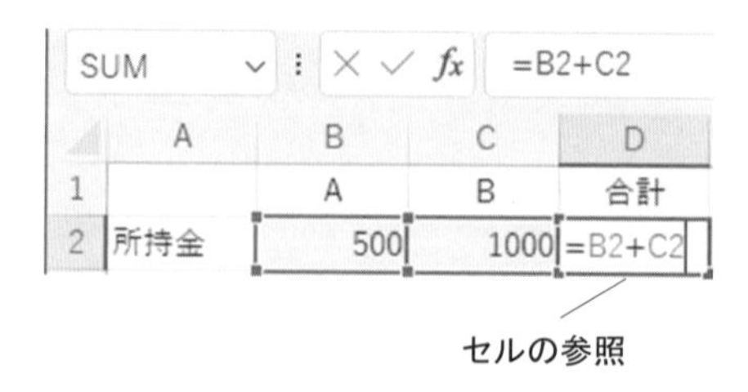

図8.2 セルの参照

(2) 四則演算

足し算・引き算・掛け算・割り算の 4 つの計算を四則演算とよびます。「+」や「－」などは算術演算子とよびます。私たちが一般に使用する算術演算子と、Excel で使用する記号では異なる場合があります。たとえば掛け算は「×」の代わりに「＊」を、割り算は「÷」の代わりに「／」を用います。表 8.1 にそれぞれの記号の読み方や使用例をあげておきます。すべて半角での入力です。

表8.1 Excelで用いる記号

意味	記号	読み方	使用例	
数式の始まり	=	イコール	数式の最初に	=
足し算（+）	+	プラス	1+2 は	=1+2
引き算（−）	−	マイナス	2−1 は	=2-1
掛け算（×）	*	アスタリスク	1×2 は	=1*2
割り算（÷）	/	スラッシュ	2÷1 は	=2/1
かっこ〔{()}〕	( )	ブラケット	{(1+2)×3+4}÷5 は	=((1+2)*3+4)/5
べき乗（累乗）	^	ハット	10^2 は	=10^2

(3) べき乗と演算の優先順位

10^2（10 の 2 乗）のように、数値の右肩に小さく指数を書いて、掛ける回数を表示したものをべき乗（累乗）とよびます。Excel では、この計算に「＾」という記号を使います（表 8.1 参照）。

たとえば、標準体重という数値は、22 に身長（m）の 2 乗を掛けて求めます。セル I2 に身長が入力されている場合、標準体重を出力する J2 の数式は「=22*I2^2」となります（図 8.3）。この場合、I2 の 2 乗を先にしようと「=22*(I2^2)」という数式を作る人がいますが、括弧は必要がありません。計算には以下のような優先順位があります。

括弧内　→　べき乗　→　掛け算・割り算　→　足し算・引き算

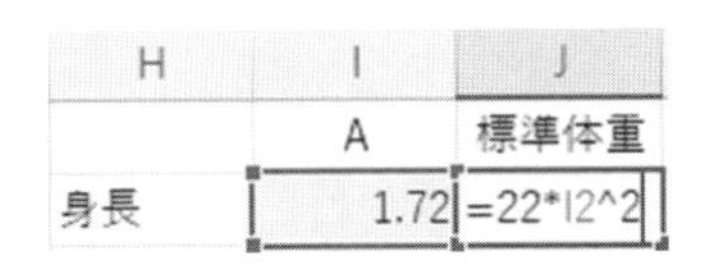

図8.3 べき乗の使用例

例題 8.1　数式の入力

例題 7.4 で保存した「ハワイ旅行」のセル N3（最安値）に、図 8.4 のように数式を入力します。本来は 11 月 18 日～11 月 24 日までの最低料金を用いて計算しますが、この例題では、練習として 11 月 18 日の料金を用いて作成します。数式は半角英数字を直接入力するので、IME がオフであることを確認しておいてください。

①「ハワイ旅行」を開く

②N3 をアクティブにして、キーボードから = を入力する

③C3 をクリックし、次にキーボードから + を入力する

④K3 をクリックする。セル N3 に =C3+K3 という数式が作成されたことを確認する

⑤同様に、L3 と M3 も数式に加えて、N3 に =C3+K3+L3+M3 という数式が作成されたことを確認して Enter を押す。計算結果として ¥52,900 が表示される

⑥N3 をアクティブにし、フィルハンドルを N7 までドラッグし、この数式をコピーする

⑦この状態では二重罫線などの書式もコピーされているので、オートフィルオプション（図 7.3 参照）で、［書式なしコピー］を選ぶ

⑧「ハワイ旅行」を上書き保存する

	K	L	M	N	O
2	諸税等	座席指定	手荷物	最安値1)	総額2)
3	¥12,000	¥4,000	¥7,000	=C3+K3+L3+M3	
4	¥10,100	¥4,000	¥0	¥96,600	
5	¥27,100	¥0	¥0	¥74,100	
6	¥27,700	¥0	¥0	¥102,700	
7	¥9,400	¥1,900	¥7,000	¥18,300	
8					
9	$210.00	($1=	¥150.00	）込み	

図8.4 例題8.1 数式の入力 完成図

8.2 関数の利用

(1) Excel における関数

関数という文字を見ると難しいという印象をもつ人もいると思いますが、Excel における関数は、とても便利な機能です。関数を用いないとできない、条件による分岐や、四則演算だけでは複雑・冗長になる数式を、とてもシンプルに作成することが可能になります。

たとえば、セル A2 から J2 までを合計する数式を四則演算で作成すると、「=A2 + B2 + C2 + D2 + E2 + F2 + G2 + H2 + I2 + J2」と長くなりますが、関数を使うと「=SUM(A2:J2)」ととても短くなります。この場合「SUM」が関数名で「カッコ内の数値を合計する」という機能をもっています。また、カッコ内の値のことを「引数（ひきすう）」と呼び、「：」でつないだ「(A2:J2)」は「セル A2 から J2 まで」という意味で用います。

引数の形式は異なりますが、すべての関数は「関数名（引数）」という書式であると理解してください。

(2) 合計と平均

まず、オート SUM 機能として用意されている、合計と平均について紹介します。合計や平均は、前節で述べた四則演算だけでも計算できますが、データの個数が多くなればなるほど、数式も長くなり、入力に手間がかかり、タイプミスの起こる危険性も増します。関数を使えば、数値の数に影響されずつねにシンプルな数式を作成することができます。

セル A1～G3 に入力された 21 個の数値の合計をセル I2 に出力するとき、数式を四則演算だけ

で表すと 21 個のセルを足し算する必要があり、とても長い数式になります。

同じ計算をオート SUM 機能で実行するならば、［ホーム］タブ―［編集］グループにある∑（オート SUM）をクリックして合計に使うセル 21 個を選択するだけで「= SUM(A1:G3)」という数式が挿入されます。（図 8.5）。

SUM　=SUM(A1:G3)

	A	B	C	D	E	F	G	H	I	J
1	5	38	100	57	16	11	9			
2	24	37	74	65	89	41	47		=SUM(A1:G3)	
3	94	80	12	85	71	94	5		SUM(数値1, [数値2], ...)	

図8.5 オートSUMの使用例

∑の右側、∨からドロップダウンされるメニュー（図 8.6）には、「平均」という選択肢も用意されています。平均値を求める関数は AVERAGE ですが、それを記憶していなくてもオート SUM メニューから選択するだけで、簡単に数式を入力することができます。

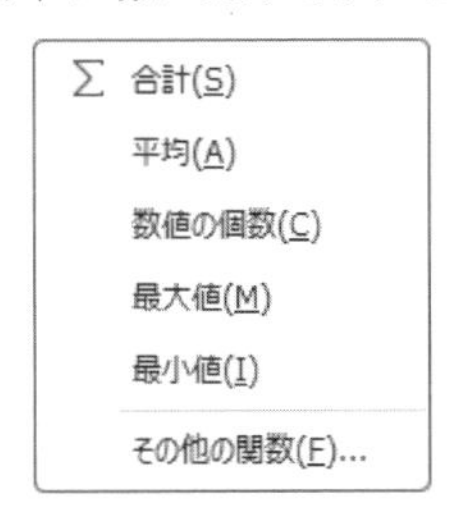

図8.6 オートSUMメニュー

(3) 最大値と最小値

指定した範囲で最大値や最小値を求めるのは、関数を用いなければできません。これらの関数も、オート SUM メニューに用意されています。最大値を求めるのは関数 MAX、最小値を求めるのは関数 MIN です。キーボードから直接入力できるくらい短い関数名ですが、関数の表記に慣れないうちは、オート SUM メニューから選択するのが便利です。

(4) 関数の挿入

オート SUM メニュー以外の関数を挿入するには、2 通りの方法があります。ひとつは、オート SUM メニューから［その他の関数］を選ぶ方法です。数式バーの *fx*（関数の挿入）ボタンをクリックしても同じです。表示される［関数の挿入］ダイアログボックスで、目的の関数名を検索してクリックします（図 8.7）。

もうひとつの方法は、［数式］タブの関数ライブラリから選択するというものです。この場合、目的の関数が含まれる分類（IF なら［論理］）を覚えておく必要があります（図 8.8）。

どちらの場合も表示される［引数］ダイアログボックスで引数を入力する必要があります。

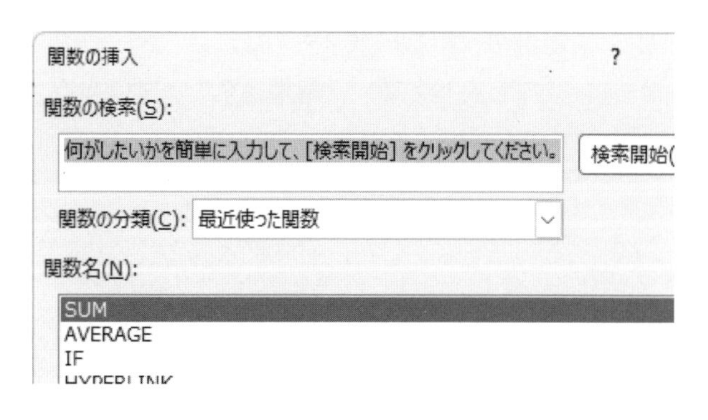

図8.7 [関数の挿入]ダイアログボックス

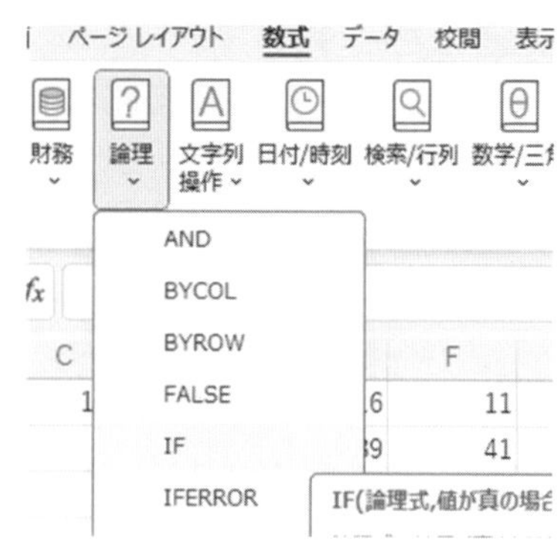

図8.8 関数ライブラリからの挿入

(5) 関数 IF

関数 IF の数式を作成するための例を、旅行計画で考えてみましょう。今回は旅行資金の額によって行き先を決定することにします。たとえば「旅行資金が 10 万円以上あるときは飛行機を利用してちょっと遠方に、そうでないときは近場の温泉に」という条件にしたいと思います。このような判断を Excel の数式で実現するために関数 IF を使用します。書式は IF (論理式, 真の場合, 偽の場合) となります。

旅行資金の入力されているセルが A2 だとします。「旅行資金として 10 万円以上あれば」という条件を論理的に表す式「A2>=100000」が論理式になります。対象のセルの値が条件を満たしている場合は「真 (TRUE)」、満たしていない場合は「偽 (FALSE)」であると解釈されます。

論理式の中で用いる「=」や「>」は比較演算子とよばれます。表 8.2 に比較演算子の種類と使用例を示します。

表8.2 Excelの関数IFの論理式で用いる比較演算子

意味	記号	読み方	使用例
右辺と左辺が等しい	=	イコール	A1="男性"　A1=100　A1=A2
右辺が大きい	<	小なり	A1<100000　A1>A2　A1<A1＊2
左辺が大きい	>	大なり	
右辺が左辺以上	<=	小なりイコール	A1>=100000　A1<= B1/C1　A1^3>=B2
左辺が右辺以上	>=	大なりイコール	
右辺と左辺が等しくない	<>	小なり大なり	A1<>"女性"　A1-B1<>B1+A1

(6) 関数 IF のネスティング

複数の条件で判断を分岐することもできます。関数 IF の真の場合、または偽の場合には、数値や文字だけでなく数式を入れることも可能ですが、その数式には関数 IF も含まれます。つまり、関数 IF の中で関数 IF を使うことができるのです。この状態を関数のネスティングとよびます（図 8.9）。

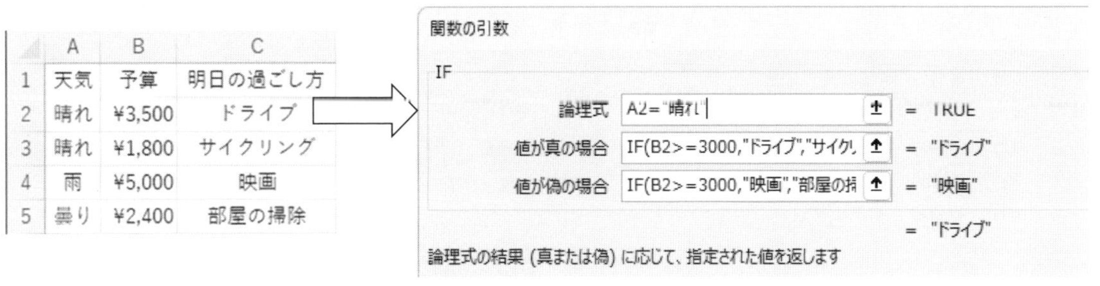

図8.9 IFのネスティング

上の例では、明日の過ごし方を考えるのに、天気と予算によって行動を変えています。「天気」を「晴れ」と「それ以外」、「予算」を「3 千円以上」と「それ以外」に分けるので、全部で 4 つに分岐します。これだけでも数式は長くて複雑になります。そこで、セル内にいきなり数式を作成する前に、図 8.10 のような設計図を、紙の上に書いてみるとよいでしょう。作業が複雑になりそうな場合、問題点を整理して、それぞれの作業をパーツに分けてみましょう。そして、それらのパーツをひとつずつ確認しながら進めていくと、確実に作業をこなせます。その意味でも、設計図を作成するのは有効です。

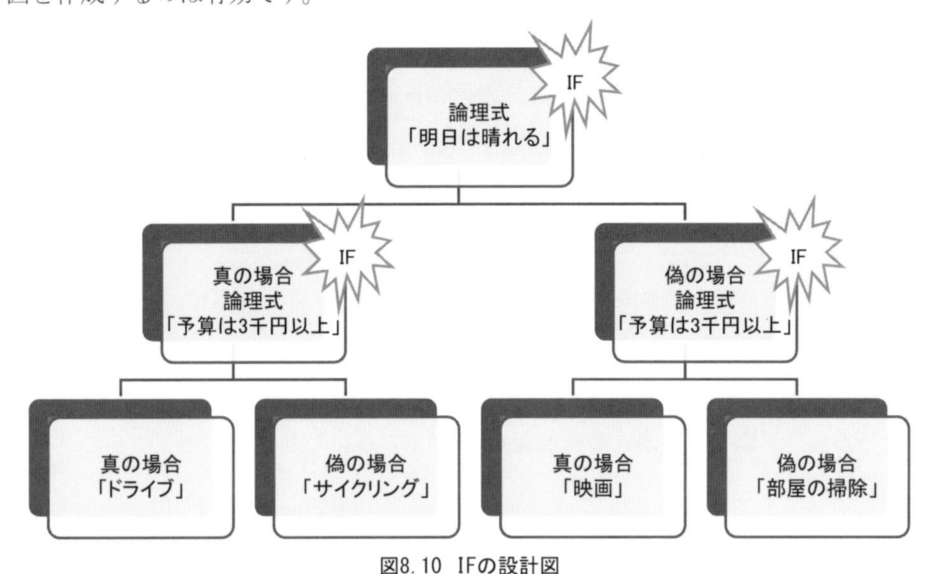

図8.10 IFの設計図

(7) 関数 AND と OR

複数の論理式を一括して満たす必要がある場合は、関数 AND を用います。また、複数の論理式のどれかひとつでも満たせばよい場合は、関数 OR が便利です。複数の論理式は、カンマで区切って並べます。関数 AND や OR は、関数 IF の論理式の部分で使用されることが多いでしょう。関数ANDは複数の論理式のすべてを満たした場合、関数ORはどれかひとつでも満たした場合に「真（TRUE)」になります。

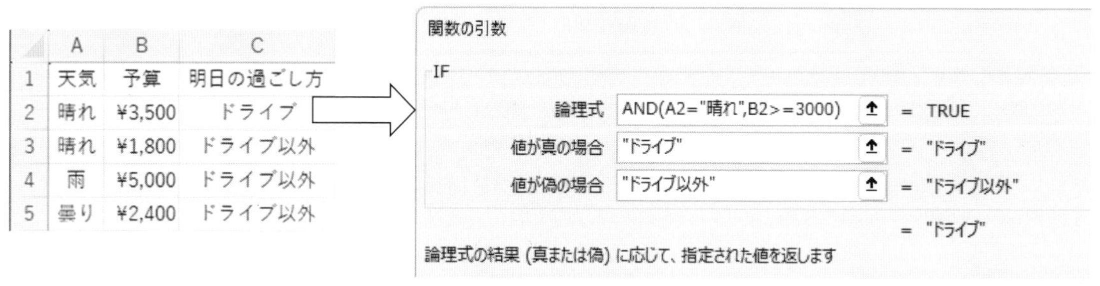

図8.11 関数ANDの例

この例の「明日の過ごし方」では関数ANDを使用しています。このように、関数ANDやORを使った方が数式を短くできる場合もありますが、関数IFをネストした方が短くできる場合もあります。関数IFを利用するときは、論理式の作り方をよく検討してから作業してください。

Tips!　関数IFにおける文字列の扱い

IFの引数で文字データを扱う（セルに出力された文字列）ときは、二重引用符（"）で挟みます。図8.9の論理式が「A2=晴れ」ではなく「A2="晴れ"」になっているのを確認してください。では、真の場合や偽の場合に、文字列を何も出力しない状態はどう記述すればよいでしょうか。このとき、引数のボックスを空欄にすると、「0」や「FALSE」という言葉（論理値）が表示されてしまいます。これを避けるために、「何も表示しない」ときは「""」と入力します。

例題8.2a　関数の利用1

図8.12のように、基本的な関数を利用する練習をします。N3の最安値についても、関数MINを使う数式に修正します。

①C8をアクティブにして、［ホーム］タブの∑（オートSUM）の⌄をクリックし、オートSUMメニューから［平均］を選ぶ。参照範囲がC3〜C7と正しく選択されていることを確認して Enter を押す

②C8のフィルハンドルをO8までドラッグして数式をコピーする。「#DIV/0!」と表示されるセルがあるが、そのままにしておく

③オートフィルオプション（図7.3参照）で表示されるメニューから［書式なしコピー］を選ぶ

④J3をアクティブにして、オートSUMメニューから［平均］を選択する。参照範囲がC3〜I3と正しく選択されていることを確認して Enter を押す

⑤J3のフィルハンドルをJ7までドラッグして数式をコピーする

⑥オートフィルオプションから［書式なしコピー］を選ぶ

⑦N3 をダブルクリックして編集モードにし、=C3+K3+L3+M3 という数式の C3 を削除する

⑧同じ場所に、キーボードから MIN(C3:I3) と入力し、数式を =MIN(C3:I3)+K3+L3+M3 に修正する

⑨N3 のフィルハンドルを N7 までドラッグして数式をコピーする

⑩オートフィルオプションから［書式なしコピー］を選ぶ

⑪「ハワイ旅行」を上書き保存する

例題 8.2b　関数の利用 2

ひきつづき関数の練習です。今回は IF のネスティングを使ってみます。「航空券の平均価格（J 列）が、6 万円以下なら A、8 万円以下なら B、それ以上なら C」を、P 列に表示します。

①P3 をアクティブにして、オート SUM メニューから［その他の関数］をクリックする

②［関数の挿入］ダイアログボックスの［関数の検索］ボックスに IF と入力し、［検索開始］ボタンをクリックする

③［関数名］に［IF］が表示されたら、それを選択し［OK］ボタンをクリックする

④［関数の引数］ダイアログボックスで、

　　［論理式］に J3＜=60000

　　［真の場合］に "A"

　　［偽の場合］に IF(J3<=80000,"B","C")

　と入力して、［OK］ボタンをクリックする

⑤P3 のフィルハンドルを P7 までドラッグして数式をコピーする

⑥「ハワイ旅行」を上書き保存する

ハワイ旅行（3泊5日）

航空会社	11月18日	11月19日	11月20日	11月21日	11月22日	11月23日	11月24日	平均	諸税等	座席指定	手荷物	最安値[1]	総額[2]	
A社	¥29,900	¥31,900	¥54,700	¥107,500	¥79,300	¥54,700	¥31,900	¥55,700	¥12,000	¥4,000	¥7,000	¥52,900		A
D社	¥82,500	¥67,000	¥67,000	¥115,000	¥128,000	¥135,000	¥67,000	¥94,500	¥10,100	¥4,000	¥0	¥81,100		C
H社	¥47,000	¥47,000	¥85,000	¥140,000	¥125,000	¥62,500	¥47,000	¥79,071	¥27,100	¥0	¥0	¥74,100		B
J社	¥75,000	¥75,000	¥75,000	¥162,500	¥105,000	¥85,000	¥75,000	¥93,214	¥27,700	¥0	¥0	¥102,700		C
S社			¥56,800			¥57,800	¥34,800	¥49,800	¥9,400	¥1,900	¥7,000	¥53,100		A
平均	¥58,600	¥55,225	¥67,700	¥131,250	¥109,325	¥79,000	¥51,140	¥74,457	¥17,260	¥1,980	¥2,800	¥72,780	#DIV/0!	

[1] 諸税・座席指定・手荷物1つ込みの価格　[2] 宿泊費 $210.00 （$1= ¥150.00 ）込み

図8. 12　例題8. 2　関数の利用　完成図

練習問題 8

(1) 練習問題 7 (1)「大切な言葉」を開き、173 ページ例文 26 のように C9 と E3～E8 に関数を使った数式を入力しなさい。E3 の数式は「C3 が 5 より大きければ ←5 点超 、そうでなければ何も表示しない」と考えて作成して、E8 までコピーしなさい。

(2) 練習問題 7 (2)「達成度」を開き、174 ページ例文 27 のように E3～E6 と K3～K6 に関数を使った数式を入力しなさい。K3 の数式は「2023 年の順位が 2019 年より上がっていたら△、下がっていたら▼、同じだったら - を表示する」と考えて作成して、K6 までコピーしなさい。

(3) 練習問題 7 (3)「BMI 計算表」を開き、174 ページ例文 28 のように C4 に数式を入力しなさい。計算結果は小数第 1 位まで表示すること。BMI の計算式は、体重 (kg) を身長 (m) の 2 乗で割って求める。

Lesson 9 Excel 3

絶対参照とグラフの利用

9.1　絶対参照

（1）相対参照

数式で参照するセルアドレスには、相対的な位置関係を示しているものと、必ずそのセルを示しているものがあります。これを相対参照と絶対参照とよびます。

これまで見てきたとおり、Excel で数式や関数をコピーする場合、数式の中で指定されているセルアドレスは自動的に変化します。このときセルアドレスは、数式が入力されているセルと参照先のセルとの相対的な位置関係が保持されています。これを相対参照とよびます。相対参照の表記は、列番号と行番号のみです。数式を見て「=A2+30」とあったら、この A2 という表記は相対参照です。

（2）絶対参照・複合参照

数式をコピーしたときにセルアドレスを自動的に変化させたくないときは、絶対参照を利用します。参照するセルアドレスの列番号や行番号の前に$を付けると、その列や行が固定されます。たとえば、ある数式がセル A2 を参照しているとします。「A2」のように A と 2 の前に$を付けると、A 列と 2 行目を固定したことになり、横方向にコピーしても A 列を参照し続けますし、縦方向にコピーしても 2 行目を参照し続けます。このように縦横のコピーに対して絶対に特定のセルを参照し続けるという意味で、これを絶対参照とよびます。

$は行番号または列番号の一方にだけ付けることもできます。たとえば「$A2」のように A 列だけに$を付けると、縦方向にコピーしたとき 2 行目、3 行目と相対参照しますが、横方向に対しては、絶対参照で A2 のまま変化しません。このように列と行で絶対参照と相対参照が組み合わさったものを、複合参照とよびます（図 9.1）。

$を付けるのは、その必要に迫られた列または行だけにしましょう。不要な場所にわざわざ付けなくてもかまいません。なお、数式中の$はキーボードから入力しますが、参照したセルアドレスの直後にカーソルを置いて F4 を押すことでも入力できます。

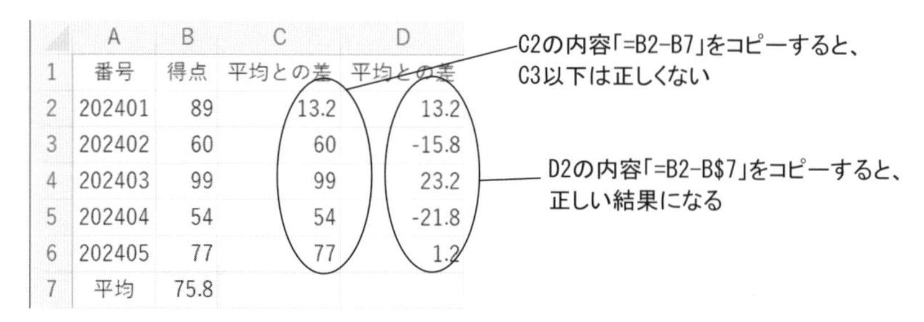

	A	B	C	D
1	番号	得点	平均との差	平均との差
2	202401	89	13.2	13.2
3	202402	60	60	-15.8
4	202403	99	99	23.2
5	202404	54	54	-21.8
6	202405	77	77	1.2
7	平均	75.8		

図9.1　相対参照と絶対（複合）参照

例題 9.1　絶対参照

図 9.2 のように、絶対参照を使用した数式の練習をします。セル O3～O7 に「最安値に宿泊費を加えた総額」を表示する数式を作成します。相対参照ではうまくいかないことも確認します。

①「ハワイ旅行」を開く

②O3 をアクティブにして、=N3+K9*M9 と入力し Enter を押す

③O3 のフィルハンドルを O7 までドラッグして、数式を書式なしでコピーする

④O7 をダブルクリックして編集モードにし、入力されている数式を調べる。K9 や M9 を参照するはずが、何もない K13 や M13 を参照しているのを確認する

⑤ Esc を押して、セルの編集モードを解除する

⑥O3 をダブルクリックする

⑦数式を =N3+K$9*M$9 に修正する

⑧O3 の数式を O7 まで、書式なしでコピーする

⑨O7 をダブルクリックして編集モードにし、数式が参照しているセルが正しいことを確認する

⑩ Esc を押して、セルの編集モードを解除する

⑪「ハワイ旅行」を上書き保存する

ハワイ旅行（3泊5日）

航空会社	11月18日	11月19日	11月20日	11月21日	11月22日	11月23日	11月24日	平均	諸税等	座席指定	手荷物	最安値[1]	総額[2]	
A社	¥29,900	¥31,900	¥54,700	¥107,500	¥79,300	¥54,700	¥31,900	¥55,700	¥12,000	¥4,000	¥7,000	¥52,900	¥84,400	A
D社	¥82,500	¥67,000	¥67,000	¥115,000	¥128,000	¥135,000	¥67,000	¥94,500	¥10,100	¥4,000	¥0	¥81,100	¥112,600	C
H社	¥47,000	¥47,000	¥85,000	¥140,000	¥125,000	¥62,500	¥47,000	¥79,071	¥27,100	¥0	¥0	¥74,100	¥105,600	B
J社	¥75,000	¥75,000	¥75,000	¥162,500	¥105,000	¥85,000	¥75,000	¥93,214	¥27,700	¥0	¥0	¥102,700	¥134,200	C
S社			¥56,800			¥57,800	¥34,800	¥49,800	¥9,400	¥1,900	¥7,000	¥53,100	¥84,600	A
平均	¥58,600	¥55,225	¥67,700	¥131,250	¥109,325	¥79,000	¥51,140	¥74,457	¥17,260	¥1,980	¥2,800	¥72,780	¥104,280	

[1] 諸税・座席指定・手荷物1つ込みの価格　[2] 宿泊費 $210.00 （$1= ¥150.00 ）込み

図9.2 例題9.1 絶対参照 完成図

9.2　グラフ

(1) グラフについて

表でまとめられたデータを、グラフとしてビジュアル化することで、データの傾向を読み取り、特徴を直感的につかみやすくなります。グラフにはいろいろな種類がありますが、ここでは棒グラフ・円グラフ・折れ線グラフについて説明します。データ分析の目的によって、それに適したグラフを選択してください。

グラフはさまざまに加工できます。説得力のあるグラフを作るには、色彩のセンスや表現方法も大切です。見栄えのよい、説得力のあるグラフとなるように工夫しましょう。

(2) 棒グラフ

棒グラフは、数値の大小を比較するのに適しています。各項目の数値を棒の長さで比べると、どの項目が突出しているのかなどがわかります。

グラフを描くには、まずグラフの元になるデータをアクティブセルにします。縦棒グラフなら、［挿入］タブ―［グラフ］グループの （縦棒/横棒グラフの挿入）をクリックします。棒グラフには、平面的なものに加えて立体的なものまでさまざまな種類が用意されています（図 9.3）。これらのリストでクリックして選択すると、すぐにグラフが作成されます。

グラフは位置やサイズを自由に変更できます。変更の方法は、図形（3.2 節参照）と同様です。Excel では Alt を押しながらドラッグすると、グラフをセルの枠に揃えることができます。

挿入したグラフのレイアウトを変更するには、グラフをアクティブにしたときに表示される［グラフのデザイン］コンテキストタブの［グラフのレイアウト］グループを利用します。（クイックレイアウト）では、グラフタイトルや凡例など、表示するグラフ要素やその配置が簡単に設定できます。

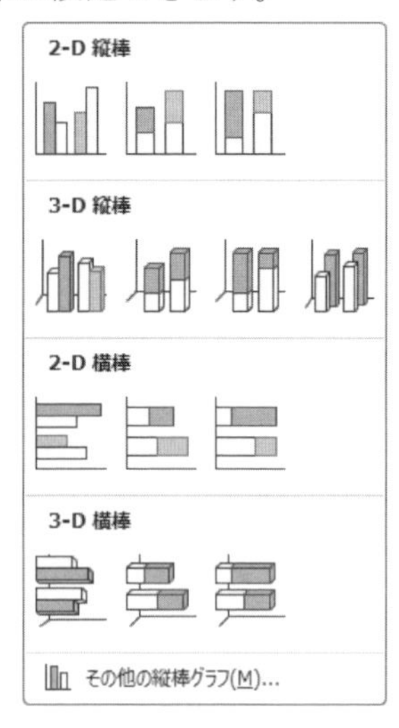

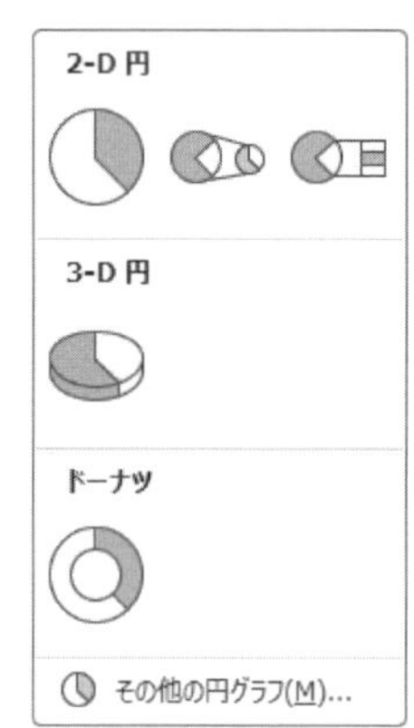

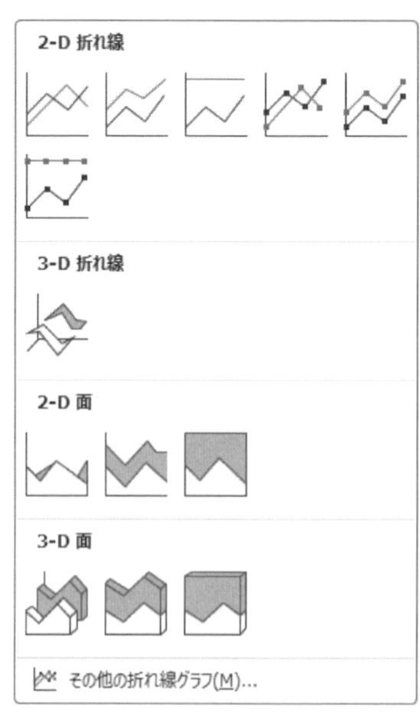

図9.3 棒グラフ・円グラフ・折れ線グラフの種類

(3) 円グラフ

円グラフは、各項目の全体に占める割合（比率）を示すのに適しています。各項目の数値を、扇形に示すと、どの項目が大きな割合を占めているのかがわかりやすく表現できます。

円グラフを作成するには、［挿入］タブ―［グラフ］グループの （円またはドーナツグラフの挿入）をクリックします。円グラフには、平面的なものに加えて立体的なもの、ドーナツ状のものなどさまざまな種類が用意されています（図 9.3 参照）。

ラベルの位置を変更したり、パーセントの小数点以下の桁数を変更したりするには、そのグラフ要素を選択して［書式］コンテキストタブの（選択対象の書式設定）を利用します。［グラフのデザイン］コンテキストタブの［グラフのレイアウト］グループを利用することもできます。

(4) 折れ線グラフ

折れ線グラフは、数値の変化（推移）を表すのに適しています。時間の経過とともに変化する値を線でつないでいくと、その数値がどのように推移しているのかを読み取りやすくなります。

折れ線グラフを作成するには、［挿入］タブ―［グラフ］グループにある（折れ線グラフ/面グラフの挿入）を利用します。折れ線グラフには、折れ線を単につないだものから、マーカーを付けたもの、立体的なものなどさまざまな種類が用意されています（図 9.3 参照）。

グラフに使用するデータは、［グラフのデザイン］コンテキストタブの（行/列の切り替え）を用いて、軸のデータを入れ替えることができます。

また、［グラフのデザイン］コンテキストタブの（グラフ要素の追加）をクリックして表示されるメニューからは、さまざまなグラフ要素を後から追加することもできます（図 9.4）。

図9. 4　グラフ要素の追加

Tips!　クイック分析

データが入力された複数のセルをアクティブにすると、（クイック分析）ボタンが表示されます。このボタンをクリックして表示されるギャラリーからは、さまざまな操作に素早くアクセスできます。たとえば、Lesson 7 で学んだ書式の変更やグラフの挿入も、リボン上のコマンドを探さなくても、クイック分析から選択できます（図 9.5）。

Tips!　グラフ書式コントロール

グラフをクリックして選択すると、その領域の右肩に［グラフ要素］［グラフスタイル］［グラフフィルター］というグラフ書式コントロールボタンが 3 つ表示されます。このボタンから、グラフ要素の表示・非表示や、スタイルなど、多くの設定が簡単に選べます（図 9.6）。

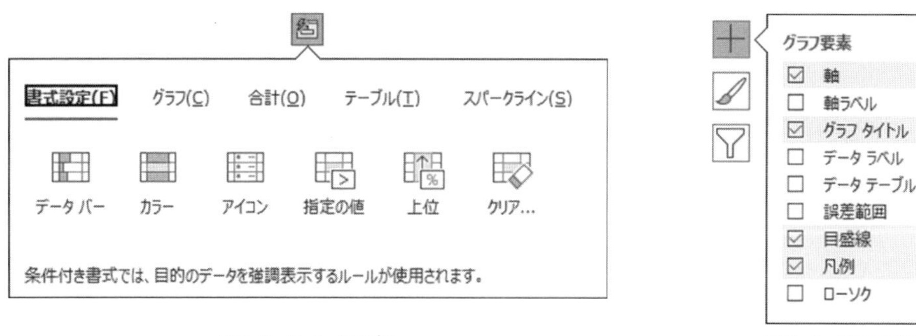

図9.5 クイック分析

図9.6 グラフ要素

例題 9.2 折れ線グラフと円グラフの挿入

図 9.8 のように、グラフを作成する練習をします。出発日による航空券代金の変化を折れ線グラフで、A 社の 11 月 18 日を選択した場合の A 社への支払い額の内訳を円グラフで表します。折れ線グラフでは、出発日設定のない S 社を除いた 4 社を比較します。

①B2～I6 をアクティブセルにして、［挿入］タブの（折れ線グラフ/面グラフの挿入）から（折れ線）をクリックする

②表示された折れ線グラフの左上のハンドルを、Alt を押しながらドラッグして B10 に重なるように移動する。さらに、グラフ右下のハンドルをドラッグして H26 に重なるようにサイズを変更する

③グラフタイトルに 航空券代金の推移 と入力する

④B2～C3 を選択し、続いて Ctrl を押しながら K2～M3 を同時に選択する

⑤［挿入］タブの（円またはドーナツグラフの挿入）から（円）をクリックする

⑥折れ線グラフと同様に、円グラフのハンドルをドラッグして、グラフの左上が I10 に、右下が O26 になるように調節する

⑦［グラフのデザイン］コンテキストタブの（クイックレイアウト）から［レイアウト 1］を選ぶ

⑧グラフタイトルに A 社への支払額内訳 と入力する

⑨「手荷物」などのデータラベルをクリックしてアクティブにしてから、［書式］コンテキストタブにある（選択対象の書式設定）をクリックし、［データラベルの書式設定］作業ウィンドウ（図 9.7）を表示する

⑩［ラベルの位置］で［内部外側］にチェックを付ける

⑪［データラベルの書式設定］作業ウィンドウの［表示形式］で、［カテゴリ］から［パーセンテージ］を選択し、［小数点以下の桁数］を 1 に変更（図 9.7）し、作業ウィンドウを閉じる

⑫すべてのデータラベルが選択されているのを確認して、[書式] コンテキストタブの [図形のスタイル] ギャラリーから [枠線のみ - 黒、濃色 1] を選択する

⑬「ハワイ旅行」を上書き保存する

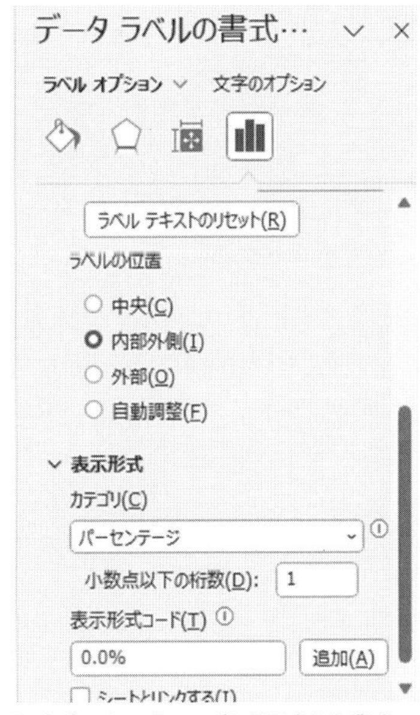

図9.7 [データラベルの書式設定]作業ウィンドウ

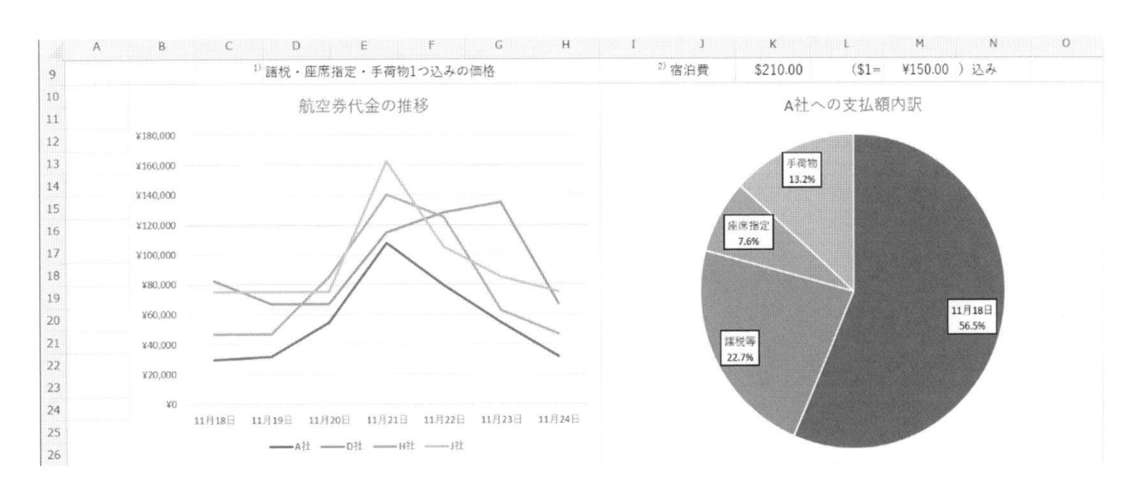

図9.8 例題9.2 グラフの挿入 完成図

9.3 ワークシートの操作

(1) ワークシートの挿入・移動・コピー・削除

Excel では、複数のワークシートを 1 つにまとめた Excel ブックという形でファイルが保存できますが、標準では 1 つのブックに 1 枚のワークシートが用意されています。このワークシートは追加することも削除することもできますし、順番を変えることもできます。また、「Sheet1」などのワークシートの名前も自由に変更できます。

新しいワークシートを挿入するには、シートタブ（シート見出し）の右側にある＋（新しいシート）をクリックします。すると、新たにSheet2が作成されます。

ワークシートを移動するには、シートタブをドラッグします。ドラッグするとシートタブの区切りで▼が表示され、挿入位置を指定できます（図9.9）。

ワークシートを削除するときは、［ホーム］タブ―［セル］グループにある（削除）のをクリックして、ドロップダウンされるメニューから［シートの削除］を選びます。

ワークシートをコピーして複製することもできます。［ホーム］タブ―［セル］グループの（書式）から［シートの移動またはコピー］を選び、ダイアログボックスで挿入したい直後のシート（2枚目と3枚目の間に挿入したいなら3枚目）を［挿入先］に指定します。移動ではなくコピーするなら、［コピーを作成する］をチェックします（図9.10）。

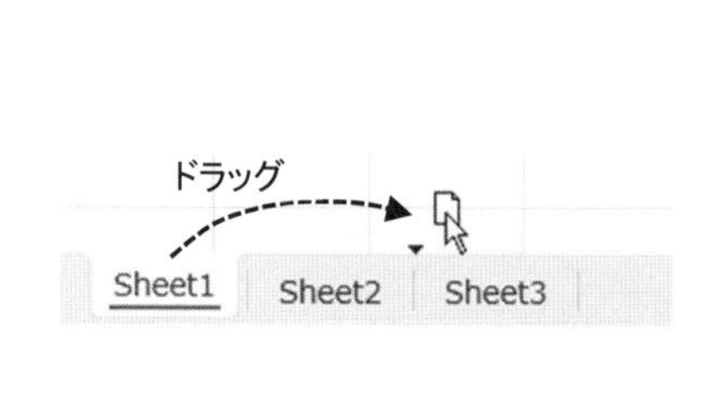

図9.9 シートタブのドラッグ

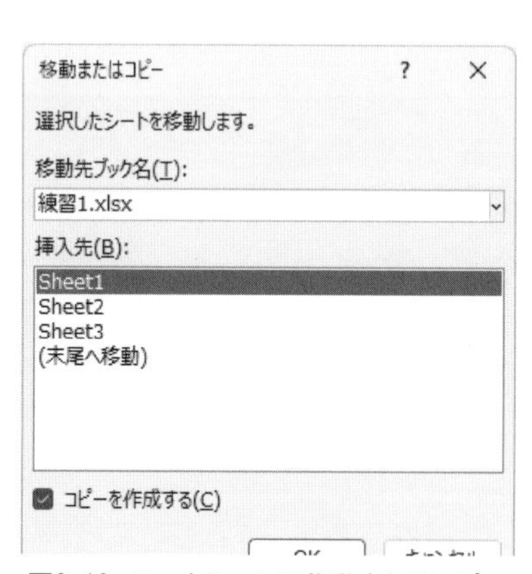

図9.10 ワークシートの移動またはコピー

（2）ワークシートの名前の変更

ワークシートの名前を変更するときは、［ホーム］タブ―［セル］グループの（書式）から、［シート名の変更］を選びます。なお、1つのExcelブックの中では、同じワークシート名を付けることはできません。

Tips!　右クリックによる操作

他の多くの場合と同様、グラフの詳細設定や、ワークシート操作も右クリックで行えます。グラフなら、各グラフ要素上を右クリックし、［～の書式設定］というコマンドを選びます。ワークシート操作なら、シートタブを右クリックすると、上記の操作を選択することができます。

例題 9.3　ワークシートの操作

ワークシートの操作をする練習をします。コピーしたワークシート上では、データを入れ替えて、計算結果やグラフが再計算されるようすも見てみましょう。

①［Sheet1］シートで、［ホーム］タブの（書式）をクリックして、［シート名の変更］を選ぶ

②11 月　と入力し Enter を押す

③［ホーム］タブの（書式）をクリックして、［シートの移動またはコピー］を選ぶ

④［シートの移動またはコピー］ダイアログボックスで、［挿入先］に［(末尾へ移動)］を選択し、［コピーを作成する］にチェックをして、［OK］ボタンをクリックする

⑤［11 月(2)］シートで［ホーム］タブの（書式）をクリックして、［シート名の変更］を選ぶ

⑥12 月　と入力する

⑦［12 月］シートで、C2～I7 の日付やデータを任意の数値に変更し、折れ線グラフや円グラフが変化するのを確認する

⑧「ハワイ旅行」を上書き保存する

練習問題 9

(1) 練習問題 8 (1)「大切な言葉」を開き、174 ページ例文 29 のように 3-D 円グラフを作成して、A11～E26 に配置しなさい。また、D3～D9 については、D3 に「C3～C8 の各値の C9 に対する構成比率（合計に対する、各構成要素の割合）を求める数式」を入力して、D9 までコピーできるように工夫しなさい。小数点以下 1 桁まで表示させること。そのほかの書式はサンプルに見た目を合わせる。

(2) 練習問題 8 (2)「達成度」を開き、175 ページ例文 30 のようにマーカー付き折れ線グラフを 2 つ作成して、A8～F18・G8～L18 に配置しなさい。指示のない書式はサンプルに見た目を合わせること。「スコア」のグラフでは、［行/列の切り替え］を使用。縦軸の最小値を［65］に設定する。「順位」のグラフでは、［行/列の切り替え］を使用。クイックレイアウト 1 を適用。縦軸を反転させて最小値を［1］に設定する。

(3) 練習問題 8 (3)「BMI 計算表」を開き、176 ページ例文 31 のとおりに表を完成しなさい。C4 の数式の必要な個所に$を加えて修正して、H8 までコピーすること。コピーによって罫線が乱れる場合があるので気を付けること。［書式なしコピー］をしてから、小数表示を設定しなおすこともできる。

Lesson 10　Excel 4

自由なデータ処理

10.1　データベース機能

（1）データベース機能

Excelには、データベースソフトの代用として利用できる機能も用意されています。順番を並び替えて表示したり、要求に応じて必要なデータを取り出したりが簡単にできます。Excelでデータベース機能を使うときは、個々のデータは行単位で記入し、その先頭行にはデータの内容を示す項目名を入力した表（図10.1）を作成しましょう。本格的なデータベースには専用のアプリを使いますが、Excelを使ってその基本的概念を学ぶことができます。

データベース機能は［ホーム］タブ―［編集］グループの（並べ替えとフィルター）から選べますが、［データ］タブ―［並べ替えとフィルター］グループにも同じコマンドがあります。

サークル名簿

ID	氏名	シメイ	学部	学年	趣味	活躍度	新人賞
1	加瀬　美一子	カセ　ミイコ	医学部	3	音楽	37	
2	大野　勇太郎	オオノ　ユウタロウ	国際学部	4	動画鑑賞	92	
3	弓哲　萌衣	ユミテツ　モエ	国際学部	1	料理	56	
4	高谷　悠貴香	タカヤ　ユキカ	経済学部	3	動画鑑賞	89	
5	宮村　英太郎	ミヤムラ　エイタロウ	経済学部	3	ゲーム	46	
6	中谷　千恵子	ナカヤ　チエコ	文学部	3	旅行	89	
7	神出　帆卯瑠	カミイデ　ポウル	医学部	3	ゲーム	81	
8	下玉　千一子	シモタマ　チイコ	社会学部	1	スポーツ	91	★
9	平野　左右音	ヒラノ　サラウンド	文学部	2	スポーツ	78	

図10.1　データベース的な利用が可能な表

Tips!　ウィンドウ枠の固定

データベース的な利用では、先頭行の項目名は常に表示しながら、何十、何百というデータをスクロールさせたい時があります。そのような場合、ウィンドウ枠の固定という機能が便利です。
まず固定したい行または列の、次の行・列全体を選択します（例：2行目までをつねに表示するなら3行目）。次に、［表示］タブ―［ウィンドウ］グループの（ウィンドウ枠の固定）をクリックして、［ウィンドウ枠の固定］を選びます。

（2）データの並べ替え

並べ替え（ソート）の基準にする列に含まれるセル1つをアクティブセルにして、［ホーム］タブ―［編集］グループの（並べ替えとフィルター）から、（昇順）をクリックすると、データの並べ替えができます。

昇順とは、データが数値ならば小さいものから大きいものの順に、文字ならば辞書順（あいうえお順、漢字の音読み順）に並べ替えることです。この機能では、行単位で並べ替えられるので、データの整合性が崩れることはありません。昇順の逆は降順といいます。（並べ替えとフィルター）から、(降順）をクリックするだけで、数字なら大きいものから小さいものの順に、文字ならば辞書や読みの逆順に並び変わります。並べ替えの基準になる項目を「キー」とよびます。

複数のキーを利用して表を並べ替えたい場合もあります。たとえば「学年順に並び変えたうえで、同じ学年なら活躍度の高い順に並べる」というような場合です。Excel で複数のキーを用いてソートする場合は、表内の任意のセル 1 つをアクティブにしておいて、［ホーム］タブ―［編集］グループの（並べ替えとフィルター）から（ユーザー設定の並べ替え）をクリックします。すると、［並べ替え］ダイアログボックスが表示され、［最優先されるキー］に項目名を指定することができます。次に優先されるキーを指定する場合は、［レベルの追加］ボタンをクリックします（図 10.2）。

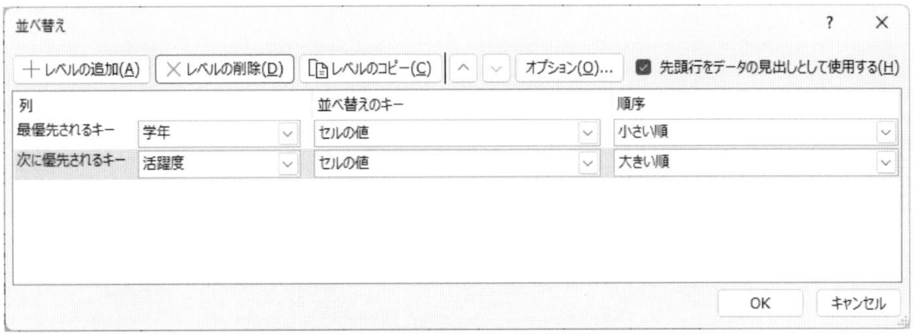

図10. 2 ［並べ替え］ダイアログボックス

Tips!　ふりがなを使った並べ替え

［並べ替え］ダイアログボックスの［オプション］から、ふりがなを使うかどうか選べます。文字データのふりがなは、ユーザーが後から編集しない限り、漢字入力に使った読み仮名がそのまま残っているか、データによってはふりがなが無い場合も多いようです。ふりがなを使って並べ替えるときは、すべてのデータに正しいふりがなが設定されていることを確認する必要があります。ふりがなの表示や編集のためには、当該セルを選択状態にしてから、［ホーム］タブ―［フォント］グループの（ふりがなの表示/非表示）というボタンを使います。

(3) データの抽出

ある条件に該当するデータを抽出するには、フィルター機能を使用します。表内の任意のセルをアクティブセルにして、［ホーム］タブ―［編集］グループの（並べ替えとフィルター）から、(フィルター）をクリックすると、1 行目を見出し行として各セルに（フィルター矢印）が表示されます。このをクリックして表示されるメニューで、必要な値だけにチェックを付けて［OK］ボタンをクリックすると、抽出がおこなわれます（図 10.3）。

また、図 10.3 にあるように、［数値フィルター］から［指定の値以上］や［指定の範囲内］などのメニューを選ぶと、［カスタムオートフィルター］ダイアログボックスが表示されます。学年が 3 以上の学生だけとか、価格が 800 円から 1200 円のあいだのものだけ、というように条件を指定してデータを抽出することができます（図 10.4）。

フィルターが設定された列では、が に変わります。この列のフィルターを解除するには、をクリックしてメニューから（～からフィルターをクリア）を選びます。

すべての列のフィルターを解除するには、［ホーム］タブ—［編集］グループのから（クリア）を、フィルターの解除とともにも非表示にするには、［ホーム］タブ—［編集］グループの（～からフィルターをクリア）から（フィルター）を、もう一度クリックします。

フィルターをクリアしない限り、複数の列についておこなう抽出は絞り込みになります。必要な列だけに間違いなくフィルターを適用するようにしてください。

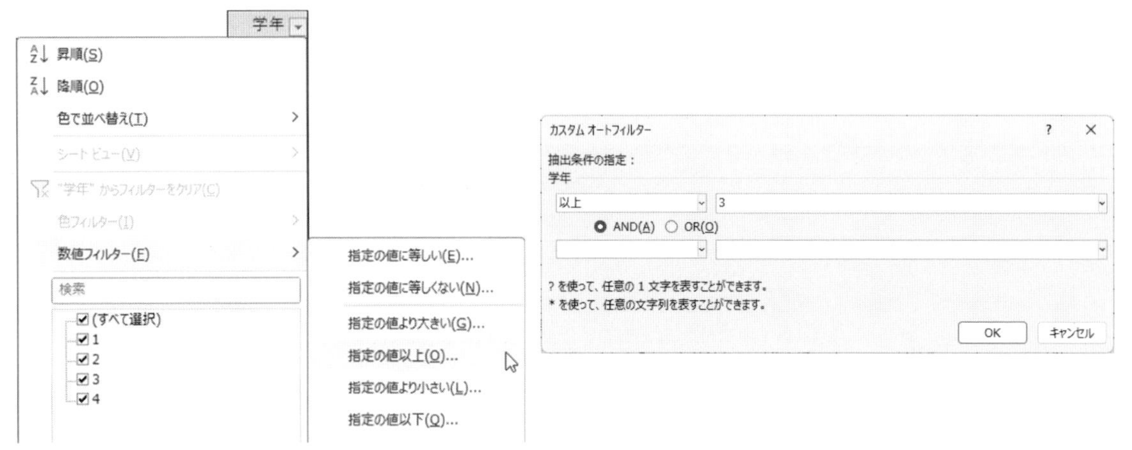

図10. 3　オートフィルターと数値フィルター

図10. 4　［カスタムオートフィルター］ダイアログボックス

例題 10.1a　データベース機能 1

データの並べ替えと抽出の練習をします。データベースとして用意した「サークル名簿」を使用します。まず、「シメイ」を五十音順に並べ替えます。次に「学部」を五十音順、「学部」が同じときは「活躍度」の高い順に並べます。

①用意された「サークル名簿」を開く

②I3 に関数を利用して「1 年生で活躍度が 70 以上の学生に ★ を表示し、それ以外の学生のところには何も表示しない」という数式を入力して、I52 までコピーする

③［Sheet 1］ワークシートの名前を［データ］に変更する

④［データ］ワークシートをコピーして、名前を［フィルター］に変更し、［データ］ワークシートの右に並べる

⑤［フィルター］ワークシート上で、列 D の任意のセルを 1 つだけアクティブセルにする

⑥［ホーム］タブ―［編集］グループの（並べ替えとフィルター）から、（昇順）をクリックする
⑦［ホーム］タブの（並べ替えとフィルター）で（ユーザー設定の並べ替え）をクリックする
⑧［並べ替え］ダイアログボックスで、［最優先されるキー］を［学部］、［順序］を［昇順］にする
⑨［レベルの追加］ボタンをクリックして、2番目のキーを追加する
⑩［次に優先されるキー］を［活躍度］、［順序］を［大きい順］にして、［OK］ボタンをクリックする
⑪「サークル名簿」を上書き保存する

例題 10.1b　データベース機能 2

つづけて、図 10.5 のように「趣味が音楽・旅行・料理で、学年が 2 年生以下、活躍度が 70 以上 85 以下」にあてはまるデータを抽出します。
①［ホーム］タブ―［編集］グループの（並べ替えとフィルター）から、（フィルター）をクリックしを表示する。項目名が隠れて読みにくいときは列幅を最適化する
②列 G（趣味）のをクリックしてメニューを表示し、［音楽］・［料理］・［旅行］のチェックを残し、ほかの趣味のチェックを外したら［OK］ボタンをクリックする
③列 F（学年）のをクリックして、［数値フィルター］から［指定の値以下］を選択する
④［カスタムオートフィルター］ダイアログボックスで［以下 2］として、［OK］ボタンをクリックする
⑤列 H（活躍度）のをクリックして、［数値フィルター］から［指定の範囲内］を選択する
⑥［カスタムオートフィルター］ダイアログボックスで［以上 70］［以下 85］として、［OK］ボタンをクリックする
⑦「サークル名簿」を上書き保存する

	A	B	C	D	E	F	G	H	I
1		サークル名簿							
2		ID	氏名	シメイ	学部	学年	趣味	活躍度	新人賞
4		35	有水　嘉美	ウスイ　カミ	医学部	2	音楽	77	
5		33	浅田　茉大	アサダ　マヒロ	医学部	2	料理	70	
15		18	松崎　汐美子	マツザキ　ナギサ	経済学部	1	音楽	85	★
29		48	畑　朋子	ハタ　トモコ	国際学部	2	料理	77	
37		24	松井菜　博	マツイナ　ヒロシ	社会学部	1	料理	73	★
42		14	山本　隆輔	ヤマモト　タカスケ	文学部	2	音楽	79	
44		23	山田　美鈴	ヤマダ　ミスズ	文学部	2	音楽	73	

図10.5 例題10.1b データベース機能

10.2　ピボットテーブル

(1) 度数分布表とクロス集計表

度数分布表は、たとえば趣味ごとの人数を集計する、学年ごとに人数を集計するなど、1 項目に含まれるデータの個数を集計したものです。図 10.6 からは、音楽を趣味とする人が 14 人で最も多いことがわかります。

しかし、この度数分布表では「どの学部の学生にどの趣味が多いか」ということはわかりません。このように 2 項目を合わせて集計する場合はクロス集計表を使います。図 10.7 のクロス集計表からは、音楽を趣味にする人の中では、経済学部と文学部がそれぞれ 5 人ずついることがわかります。このように、ひとつの項目だけで集計しているとわからないことが、クロス集計することで読み取れる可能性が出てきます。

趣味	人数
ゲーム	8
スポーツ	4
音楽	14
動画鑑賞	11
読書	5
旅行	2
料理	6
総計	50

図10.6　度数分布表(趣味)

趣味	医学部	経済学部	国際学部	社会学部	文学部	総計
ゲーム	1	3	2		2	8
スポーツ			2	1	1	4
音楽	3	5		1	5	14
動画鑑賞	2	4	1	1	3	11
読書	1	1			3	5
旅行			1		1	2
料理	1	1	3	1		6
総計	8	14	9	4	15	50

図10.7　クロス集計表(趣味×学部)

(2) ピボットテーブルの作成

Excel には、このような度数分布表やクロス集計表がとても簡単に作れます。この機能をピボットテーブルとよびます。そのための作業は、マウスで項目名をドラッグして表の枠組みに収めていくだけです。ピボットテーブルでは、縦横の項目に該当するデータの個数をカウントするだけではなく、平均値、最大値、最小値、合計など、さまざまな集計方法が指定できます。

表内の任意のセルを 1 つアクティブセルにして、[挿入] タブ―[テーブル] グループの (ピボットテーブル) をクリックすると、[ピボットテーブルの作成] ダイアログボックスが表示されます。[テーブルまたは範囲を選択] で、データ範囲が正しく選択されているのを確認して、[OK] ボタンをクリックします。すると、新しくワークシートが挿入されて、作業ウィンドウに [ピボットテーブルのフィールド] が表示されます (図 10.8)。

この作業ウィンドウで、フィールドセクションから、[行ラベル] や [列ラベル] にしたい項目名をドラッグして、下のエリアセクションに配置します。[値] には集計したい項目をドラッグします。

また、[値] にドラッグした項目名をクリックするとメニューがドロップダウンされます。(値フィールドの設定) を選択してクリックすると、[値フィールドの設定] ダイアログボックスが表示され、そのデータについて、[個数] [平均] [最大] [最小] などの集計方法が選択できるようになります (図 10.9)。

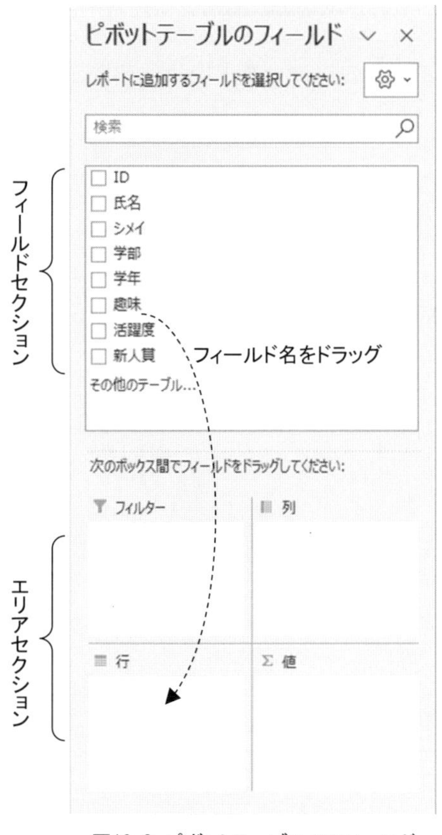

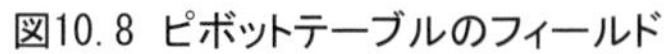
図10.8 ピボットテーブルのフィールド

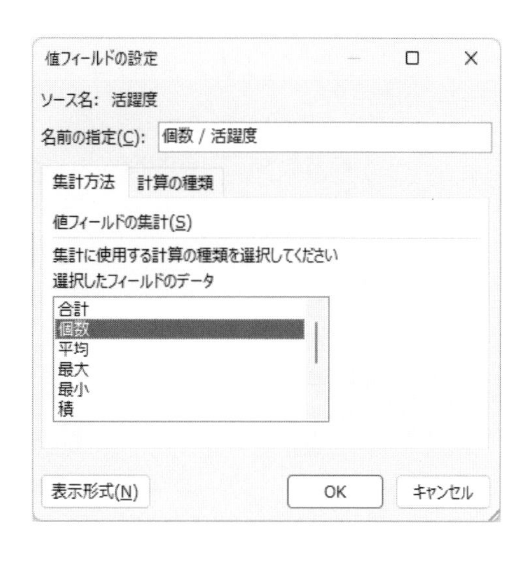

図10.9 [値フィールドの設定]ダイアログボックス

例題 10.2 ピボットテーブル

「サークル名簿」で趣味と学部のクロス集計を行うために、図 10.10 のようなピボットテーブルを作成します。この作業で挿入されるワークシート名は ピボット に変更します。

① [データ] ワークシートの、表内の任意のセルをアクティブセルにする

② [挿入] タブの (ピボットテーブル) をクリックする

③ [ピボットテーブルの作成] ダイアログボックスの [テーブルまたは範囲を選択] で、データ範囲が正しく選択されているのを確認して、[OK] ボタンをクリックする

④ [ピボットテーブルのフィールド] で、フィールドセクションからエリアセクションに、次の作業をおこなう

［趣味］を［行］にドラッグ

［学部］を［列］にドラッグ

［活躍度］を［値］にドラッグ

⑤［ピボットテーブルのフィールド］で、［値］の［合計/活躍度］をクリックして表示されるメニューから、（値フィールドの設定）を選択する

⑥［値フィールドの設定］ダイアログボックスで、［選択したフィールドのデータ］を［個数］に変更し、［OK］ボタンをクリックする

⑦ワークシートの名前を ピボット に変更する

⑧「サークル名簿」を上書き保存する

3	個数 / 活躍度	列ラベル					
4	行ラベル	医学部	経済学部	国際学部	社会学部	文学部	総計
5	ゲーム	1	3	2		2	8
6	スポーツ			2	1	1	4
7	音楽	3	5		1	5	14
8	動画鑑賞	2	4	1	1	3	11
9	読書	1	1			3	5
10	旅行			1		1	2
11	料理	1	1	3	1		6
12	**総計**	**8**	**14**	**9**	**4**	**15**	**50**

図10.10　例題10.2 ピボットテーブル

10.3　ページレイアウトと印刷

(1) 余白と用紙の向き

［ページレイアウト］タブ―［ページ設定］グループの（余白）をクリックすると、Wordと同様のメニューが表示され、［標準］、［広い］といった余白設定が簡単におこなえます。印刷の向きや用紙サイズも同じで、［ページ設定］グループの（印刷の向き）や（サイズ）をクリックして設定します。

(2) ヘッダーとフッター

上下余白のヘッダーとフッターに、タイトルやページ番号を表示することで、数ページにわたる資料が見やすくなります。ヘッダーやフッターの状態を確認するには、［表示］タブ―［ブックの表示］グループで（ページレイアウト）を選びます。また、以下に述べるように、ヘッダーとフッターに関するコマンドを選ぶと、自動的にページレイアウトビューに切り替わります。

［挿入］タブ―［テキスト］グループの（ヘッダーとフッター）をクリックすると、ヘッダーの編集モードになります。ヘッダーとフッターは、左・中央・右に3分割されていて、それぞ

れ文字やページ数などを入力できます（図 10.11）。[ヘッダー/フッター] コンテキストタブには、[ヘッダー/フッター要素] グループがあり、ファイル名や日付、ページに関するデータなどを挿入するコマンドが並んでいます。ヘッダーやフッターの編集後、もとの表示ビューに戻るためには、[表示] タブ― [ブックの表示] グループの ▦（標準）をクリックします。

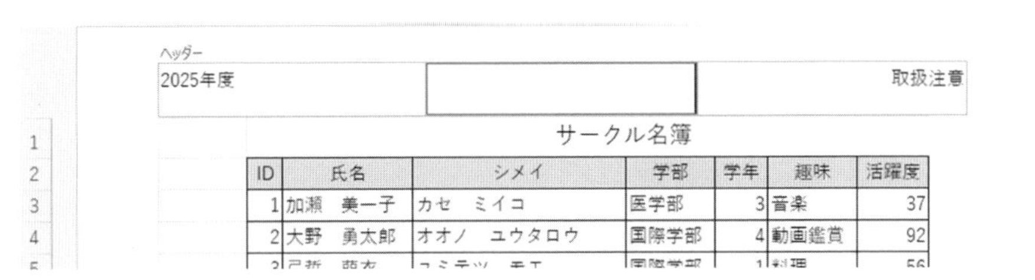

ID	氏名	シメイ	学部	学年	趣味	活躍度
1	加瀬　美一子	カセ　ミイコ	医学部	3	音楽	37
2	大野　勇太郎	オオノ　ユウタロウ	国際学部	4	動画鑑賞	92

図10. 11　ヘッダーの例

ヘッダーとフッターは [ページレイアウト] タブ― [ページ設定] グループ右下隅の ↘（ダイアログボックス起動ツール）をクリックして表示する、[ページ設定] ダイアログボックスの [ヘッダー/フッター] タブでも設定できます（図 10.12）。このとき表示は標準ビューのままです。

図10. 12 [ヘッダー/フッター]タブ

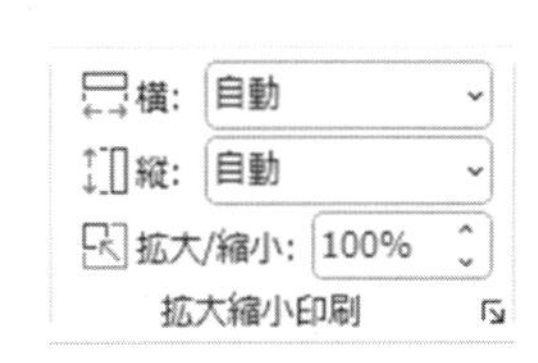

図10. 13 [拡大縮小印刷]グループ

(3) 印刷範囲と拡大・縮小

Excel では、ワークシートの必要な部分だけを印刷範囲として設定できます。まず印刷したいセル範囲をアクティブセルにしてから、[ページレイアウト] タブ― [ページ設定] グループの（印刷範囲）から [印刷範囲の設定] を選択してください。グラフを選択したままで印刷手順に入ると、そのグラフだけが印刷されるので注意してください。

用紙にうまく収めるために、表を拡大したり縮小したりするには、[ページレイアウト] タブ― [拡大縮小印刷] グループを使います。[横] や [縦] から収めたいページ数を指定すれば、縮小率を自動で計算してくれます。逆に、拡大・縮小の倍率を指定すれば、自動的に必要なページ数を割り当てます（図 10.13）。少しのことで用紙からはみ出して 2 枚になったり、用紙の左上に小さな表がバランス悪く印刷されたりしていると、残念ながら見づらく、第一印象からよくない資料のように思われてしまいます。作成した表やグラフは見やすく美しく印刷しましょう。

(4) 印刷プレビュー

ワークシート上では文字がすべてセルに収まって表示されているのに、印刷するとセルからはみ出してしまったり、表示されなかったりする場合があります。これは、ワークシート上で使用しているフォントと印刷に用いるフォントが微妙に異なるからです。そのため、実際の印刷イメージは、必ず印刷プレビューで確認してください。

印刷プレビューは印刷設定画面に表示されます。[ファイル] タブから [印刷] をクリックすると、Excel のワークシートが印刷時のイメージで表示され、用紙の向きや余白、表の罫線などが確認できます。印刷設定画面から [ページ設定] をクリックすると、[ページ設定] ダイアログボックスが表示されます。これは [ページレイアウト] タブ─ [ページ設定] グループで、ダイアログボックスを起動したときと同じものです。このダイアログボックスの [余白] タブで、[ページ中央] の [水平]・[垂直] にチェックを付けると、表はページの中央に印刷されます。

印刷プレビューを終了して、元のワークシート画面に戻るには、(戻る)をクリックします。印刷プレビューを使った後のワークシート上には、ページの区切りを示す点線が表示されているので、標準ビューで作業を続けるときも改ページ位置がわかって便利です。

例題 10.3a　表の印刷 (設定の確認)

「サークル名簿」の [データ] ワークシートを A4 用紙 1 枚に印刷するよう設定します。図 10.14 のようにレイアウトを整えたうえで、印刷プレビューで仕上がりを確認しましょう。

① [データ] ワークシートで、[ファイル] タブの [印刷] をクリックして印刷設定画面を表示し、印刷が 1 ページに収まらないことを確認する。(戻る) をクリックしてワークシートに戻る

②B1～I52 をアクティブセルにして、[ページレイアウト] タブの (印刷範囲) から (印刷範囲の設定) を選ぶ

③ [ページレイアウト] タブの (横) と (縦) で、それぞれ [1 ページ] を指定する

④ [ページレイアウト] タブの (余白) から [広い] を選ぶ

⑤ [挿入] タブの (ヘッダーとフッター) をクリックしてヘッダーを表示し、[ヘッダー左] に今年度の西暦 ○○○○年度 を、[ヘッダー右] に 取扱注意 を入力する

⑥ [デザイン] コンテキストタブの (フッターに移動) をクリックして、[フッター中央] をアクティブにして、[デザイン] コンテキストタブの (ページ番号) をクリックする

⑦［フッター右］をアクティブにして、［ヘッダー/フッター］コンテキストタブの（現在の日付）をクリックする

⑧ワークシート上をクリックしてヘッダー編集モードを終了する

⑨［表示］タブの（標準）をクリックして標準ビューに戻る

⑩［ファイル］タブの［印刷］をクリックして印刷設定画面を表示する

⑪印刷設定画面の［ページ設定］をクリックする

⑫［ページ設定］ダイアログボックスの［余白］タブで、［水平］と［垂直］にチェックを付けて、［OK］ボタンをクリックする

⑬印刷の仕上がりイメージを確認したら、「サークル名簿」を上書き保存する

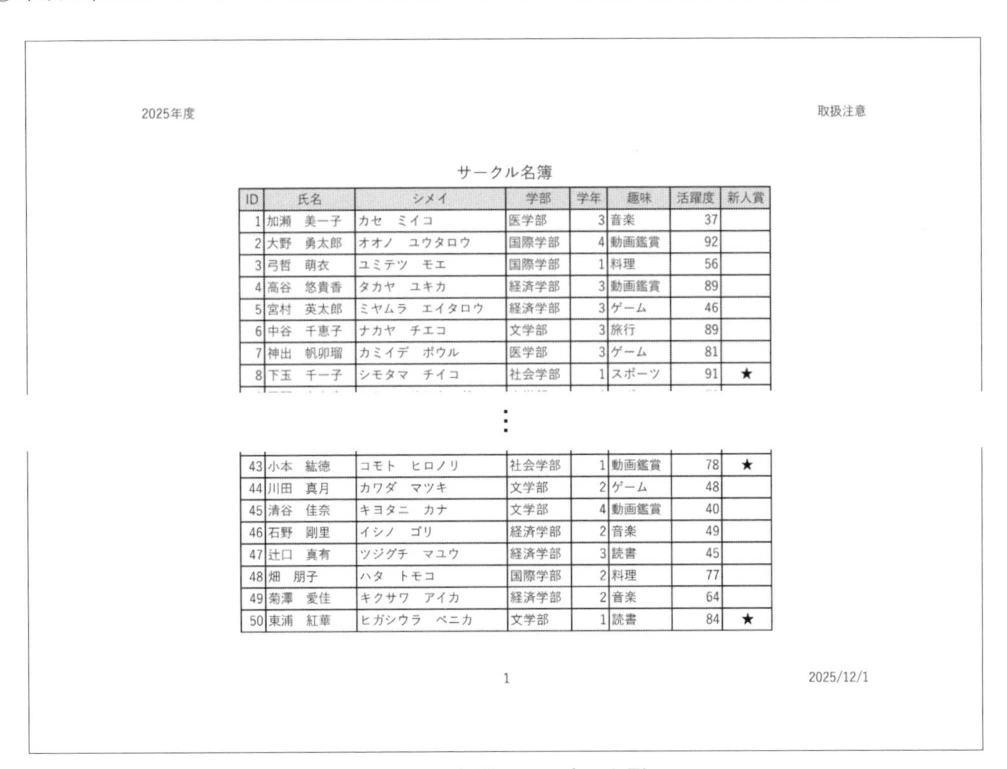

2025年度　　取扱注意

サークル名簿

ID	氏名	シメイ	学部	学年	趣味	活躍度	新人賞
1	加瀬　美一子	カセ　ミイコ	医学部	3	音楽	37	
2	大野　勇太郎	オオノ　ユウタロウ	国際学部	4	動画鑑賞	92	
3	弓哲　萌衣	ユミテツ　モエ	国際学部	1	料理	56	
4	高谷　悠貴香	タカヤ　ユキカ	経済学部	3	動画鑑賞	89	
5	宮村　英太郎	ミヤムラ　エイタロウ	経済学部	3	ゲーム	46	
6	中谷　千恵子	ナカヤ　チエコ	文学部	3	旅行	89	
7	神出　帆卯瑠	カミイデ　ポウル	医学部	3	ゲーム	81	
8	下玉　千一子	シモタマ　チイコ	社会学部	1	スポーツ	91	★
⋮							
43	小本　紘徳	コモト　ヒロノリ	社会学部	1	動画鑑賞	78	★
44	川田　真月	カワダ　マツキ	文学部	2	ゲーム	48	
45	清谷　佳奈	キヨタニ　カナ	文学部	4	動画鑑賞	40	
46	石野　剛里	イシノ　ゴリ	経済学部	2	音楽	49	
47	辻口　真有	ツジグチ　マユウ	経済学部	3	読書	45	
48	畑　朋子	ハタ　トモコ	国際学部	2	料理	77	
49	菊澤　愛佳	キクサワ　アイカ	経済学部	2	音楽	64	
50	東浦　紅華	ヒガシウラ　ベニカ	文学部	1	読書	84	★

1　　2025/12/1

図10.14　例題10.3a　表の印刷

例題 10.3b　表とグラフの印刷

例題 9.3 で保存した「ハワイ旅行」を使って、図 10.15 のように表とグラフを含む印刷の練習をします。

①「ハワイ旅行」を開き、［11 月］ワークシートを表示する

②セル A1～P26 をアクティブセルにする

③［ページレイアウト］タブの（印刷範囲）から（印刷範囲の設定）を選ぶ

④［ファイル］タブの［印刷］をクリックして印刷設定画面を表示する。表とグラフが 1 ページに収まっていないことを確認する

⑤印刷設定画面の［ページ設定］をクリックする

⑥［ページ設定］ダイアログボックスの［ページ］タブで、［印刷の向き］を［横］に、［拡大縮小印刷］で、［横 1×縦 1］に設定する

⑦［ページ設定］ダイアログボックスの［余白］タブで、［ページ中央］の［水平］と［垂直］にチェックを入れて「OK」ボタンをクリックする

⑧印刷の仕上がりイメージを確認したら、⊖（戻る）をクリックしてワークシートに戻る

例題 10.3c　グラフの印刷

ひきつづき、「ハワイ旅行」を使って、図 10.16 のように、グラフだけを印刷する練習をします。

①円グラフをクリックして、アクティブにする

②［ファイル］タブの「印刷」をクリックして印刷設定画面を表示する。円グラフだけが縦向き 1 ページに収まっていることを確認する

③印刷設定画面の［ページ設定］をクリックする

④［ページ設定］ダイアログボックスの「ページ」タブで、［印刷の向き］の［横］にチェックを入れて［OK］ボタンをクリックする

⑤印刷の仕上がりイメージを確認したら、⊖（戻る）をクリックしてワークシートに戻る

⑥「ハワイ旅行」を上書き保存する

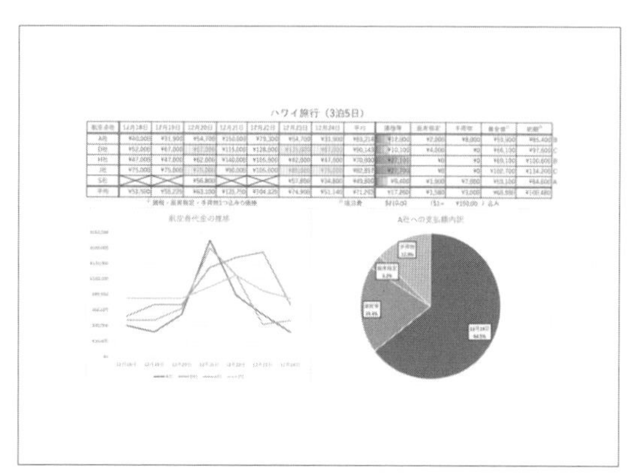

図10. 15　例題10. 3b　表とグラフの印刷

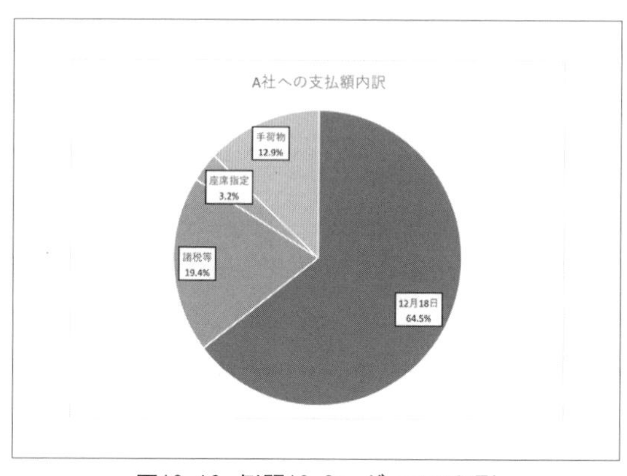

図10. 16　例題10. 3c　グラフの印刷

練習問題 10

(1) 練習問題 9 (1)「大切な言葉」を開き、176 ページ例文 32 のように印刷設定をしなさい。用紙サイズは［A4］、余白は［標準］。ヘッダー右に学生番号と氏名、フッター中央にページ番号を表示する。拡大倍率は見た目で合わせること。

(2) 例題 10.3a で保存した「サークル名簿」を開き、以下の編集を加えなさい。

① ［データ］ワークシート上で、177 ページ例文 33 のように ID1～5 の 5 人の活躍度を比較する 2-D 棒グラフを作成し、セル K2～Q13 に配置する

② ［データ］ワークシートを使って、177 ページ例文 34 のようにピボットテーブルを作成する。学年と学部のクロス集計で集計するのは活躍度の平均。小数第 1 位まで表示する。ピボットテーブルは新しいワークシートに作成し、ワークシートの名前を［ピボット 2］にする

(3) 練習問題 9 (3)「BMI 計算表」を開き、178 ページ例文 35 のとおり、表とグラフの印刷設定をしなさい。B13～C19 に新しく国別平均 BMI 表を入力し、E10～I19 に各国の数値を比較するグラフを作成しなさい。グラフの書式やヘッダーフッター、印刷設定などは、サンプルに見た目を合わせること。ヒント：グラフはクイックレイアウト 2 を元に変更を加える。印刷の拡大倍率は A4 で横 1 ページに納まる最大倍率。

Lesson 11　PowerPoint 1

基本的なスライドの作成

11.1　プレゼンテーションとは

（1）プレゼンテーションとは

授業や研究では、あるテーマについて調べたことを報告したり、実験・調査などの研究成果を発表したりすることがあります。また会社では、企画や業績などを発表する機会があるでしょう。このように自分の考えや計画などを相手に伝えることをプレゼンテーションといいます。

プレゼンテーションは、状況や目的に合わせてさまざまな形式で行われます。以下にそれぞれのポイントを詳しく説明します。

(a) 対象と場面の多様性

プレゼンテーションは、授業でのレポートから、ゼミやセミナーでの発表、企業でのプロジェクト報告、販売戦略の提案など、多岐にわたります。対象となる聴衆や発表場所にあわせて、内容やスタイルを調整することが大切です。

(b) プレゼンテーションの形式

プレゼンテーションは、口頭による伝達だけでなく、印刷物を配布したり、スクリーンに投影したりするなど、さまざまな形式があります。適切な形式を選び、有効に活用することが重要です。

(c) プレゼンテーション資料

プレゼンテーション資料は、文字だけでなく、図表、写真、音声、動画やアニメーションを活用することもあります。視覚的な要素を上手に取り入れ、情報を効果的に伝えることが求められます。

(d) 理解を促す

プレゼンテーションにおいて最も重要なのは、聴衆に内容を理解してもらうことです。自分が伝えたい内容を効果的に伝えるために、練習や準備を怠らないことが成功の鍵です。

（2）プレゼンテーションの進め方

一般的にプレゼンテーションをおこなう際は次のような流れになります。

(a) テーマを決める

最初にプレゼンテーションのテーマを選びます。ゼミの発表や卒業論文の成果発表など、内容はさまざまです。目的や主題を明確に設定しましょう。

(b) 流れ（構成）を決める

プレゼンテーションの構成を決めます。冒頭ではどのような内容を取り上げ、締めくくりをどうするのかを考えます。目的にあった効果的な構成を考えることが重要です。

(c) スライドを作成する

PowerPoint などのアプリを使用して、効果的かつ説得力のあるスライドを作成します。スライド作成についての詳細は後述します。

(d) リハーサルを行う

決められた時間内にプレゼンテーションが終わるか、内容に過不足がないか、スライドのレイアウトやアニメーション効果が適切かなどを確認しながら、プレゼンテーションのリハーサルを行います。

(e) 配布資料を作成する

プレゼンテーション時に、内容をまとめた資料を印刷して配布することで、聴衆は手元で文字や図表を確認したり、メモをとったりできます。

(f) プレゼンテーションを行う

プレゼンテーションアプリで作成したスライドを 1 枚ずつ順番に表示して、口頭で説明を加えながらプレゼンテーションを行います。プレゼンテーションのあとに質疑応答セッションを行うこともあります。

(3) プレゼンテーションアプリの利用

プレゼンテーションでは、プロジェクターを用いてコンピュータ画面を提示する方法が一般的です。プレゼンテーションアプリを使用することで、スライド作成はもちろんのこと、アイデアの整理や資料の収集など、テーマの決定からプレゼンテーションの実施までのプロセスをスムーズに行えます。また、印象的なプレゼンテーションを作成するためのアニメーションや画面切り替え効果も豊富に備わっています。

(4) PowerPoint とは

Microsoft 365 の PowerPoint（以下、PowerPoint）は代表的なプレゼンテーションアプリの 1 つです。PowerPoint では、コンピュータのモニタ画面を 1 枚のスライドに見立てて、資料を作成します（図 11.1）。

そして、実際の発表でもプロジェクターを使用して、スライドショーを表示できます。スライドには、Word や Excel で作成した表やグラフなどを挿入することもできます。

PowerPoint のファイルは、スライドとオブジェクトで構成されています。スライドとは 1 枚 1 枚のページのことです。オブジェクトは、スライド上に配置された文字、図表、グラフ、画像などを指します。できあがったスライドの集まりをプレゼンテーションとよび、プレゼンテーションを保存すると、そこに含まれるすべてのスライドやオブジェクトがまとめて保存されます。

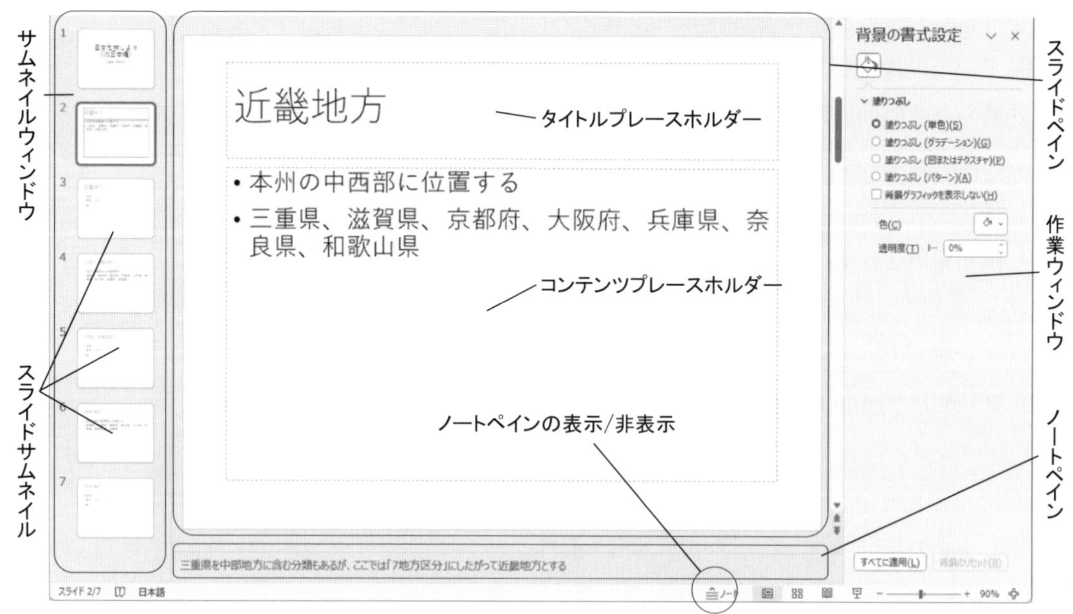

図11.1 PowerPointの基本画面

(5) PowerPoint を使い始めるにあたって

PowerPoint を使い始める際に考慮すべきポイントがいくつかあります。Word や Excel と同様に、PowerPoint にもオートコレクト機能が備わっています。また、箇条書きの本文を改行すると、同じ行頭記号が自動的に付くのは便利な機能です。しかし、ときにはオートコレクト機能が不要な修正を行うことがあるかもしれません。たとえば、小文字の英字で始めた段落が大文字に修正されてしまう場合などがあげられます。PowerPoint でも、こうした設定のオン・オフを変更することが可能です。

例題 11.1　PowerPoint のオプションの変更

オートコレクト機能をオフにします。なお、これらの機能を積極的に活用したい場合は、設定を変更する必要はありません。

①PowerPoint を起動して新しいプレゼンテーションを開き、［ファイル］タブの［オプション］をクリックする

②［PowerPoint のオプション］ダイアログボックスで、［文章校正］から［オートコレクトのオプション］をクリックする

③図 11.2 を参照しながら、○で囲まれた 4 つの項目のチェックをはずす

④［OK］ボタンを 2 回クリックし、ダイアログボックスを閉じる

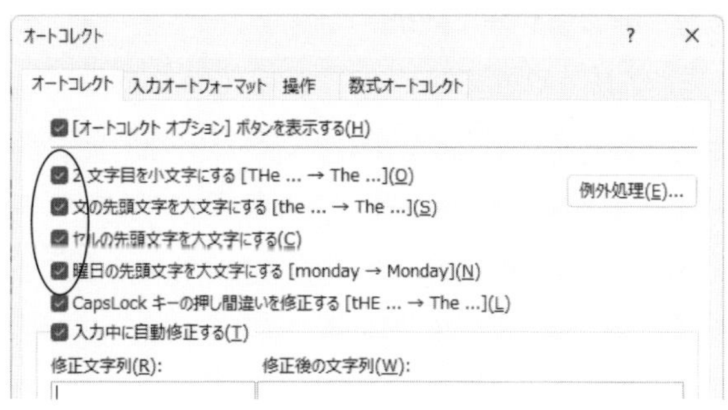

図11.2 例題11.1 オートコレクトのオプションの変更

11.2 プレゼンテーションの作成

(1) プレゼンテーションの作成

PowerPoint を起動して、新規の書類を作成すると、タイトル（表紙）スライドだけが表示されます。ユーザーはここに必要な枚数だけスライドを追加しながら作業を進めていきます。

(2) スライド作成時の注意

(a) フォント

どれくらいのフォントサイズがよいかは一概にはいえませんが、発表する場所や状況にあわせて適切なサイズを選ぶことが重要です。たとえば、何百人も入る大講義室でスクリーンにスライドを提示する場合は、後方の人が読めるように文字をとくに大きくします。小さな講義室であっても、後方の人に文字が読めるように、できるだけ大きな文字を使うようにしましょう。

文字の色や種類についても聴衆にとって見やすいものを使用します。プレゼンテーションをおこなう場所のプロジェクターや照明の状況によって、スライドを作成する際にディスプレイ上で見た色と、実際にスクリーンに表示されたときの色が異なることがあります。そのような事態が起こることも想定して、文字の色を選択しましょう。

(b) スライドのレイアウト・デザイン

スライド上の文字列や図形などは、自由に配置できます。また、スライドの背景をはじめとするデザインも変更できます。豊富な組み込みデザインも活用してください。

1 枚のスライドには、重要な項目を箇条書きにして入力します。長い文章を入れると、必然的に文字のサイズが小さくなります。文字数が多くなる場合は、複数のスライドに分けましょう。

(c) 図表・グラフ・画像

内容を理解してもらうために、必要に応じて図表やグラフなどを挿入すると効果的です。また、画像を挿入するとスライドにアクセントを付けることができます。画像だけでなく音声や動画を挿入することも可能です。

(d) アニメーション効果、画面切り替え効果

聴衆の注意を引くために、文字や図表などにアニメーション効果を付けたり、画面切り替え効果を付けるのはおもしろいアイデアです。しかし、これらの効果を過度に使用すると、飽きてしまって、かえって聴衆の関心が薄れてしまうこともあります。効果の使用は必要最低限にとどめるのがよいでしょう。

(e) スライドの枚数

スライドの枚数は発表の内容や時間によって変わってきます。短時間に多くのスライドを切り替えて表示すると、聴衆が内容を十分に理解できない恐れがあります。必要な項目に絞ってスライドを作成しましょう。

(3) スライドのサイズ

PowerPoint では、プレゼンテーション本番のスライドショーを提示する機器にあわせて、スライドのサイズ、すなわち画面の縦横比を変更できます。スライドのサイズは［標準 (4:3)］と［ワイド画面 (16:9)］の 2 つから選択できます。

一般的に、テレビやディスプレイはワイド画面の機器が多いため、それらの機器に提示する場合は［ワイド画面 (16:9)］を選択するとよいでしょう。一方、プロジェクターはワイド画面に対応していない機器も存在するため、プロジェクターで提示する場合は［標準 (4:3)］に設定するのがよいでしょう（図 11.3）。

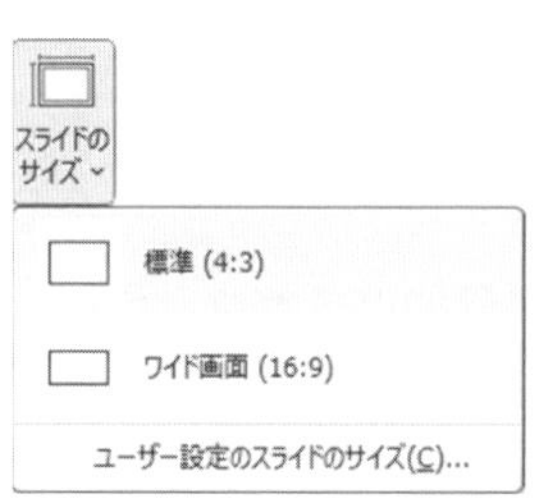

図11.3 スライドのサイズの変更

(4) プレースホルダーへの入力

スライドには、文字を入力するためのプレースホルダーとよばれるオブジェクトが用意されています。プレースホルダーは、Word で扱ったテキストボックスと同じように扱えます。

スライドの本文は箇条書きで入力することが多いため、本文用のプレースホルダーには、あらかじめ行頭に記号が付いた箇条書きスタイルが設定されています。箇条書きを解除するには、該当する段落を選択して、［ホーム］タブ—［段落］グループの（箇条書き）をクリックします。同じボタンを再度クリックすると、再び箇条書きのスタイルに切り替えることができます。また、箇条書きを段落番号に変更することもできます。

(5) プレースホルダーの調節

プレースホルダーは、必要に応じてサイズを変更したり移動したりできます。プレースホルダーのサイズを変更するには、四隅または上下左右のハンドルをドラッグします。Shift を押しながら四隅の変更ハンドルをドラッグすると、縦横の比率を保ったままサイズを変更できます。

プレースホルダーを移動するには、そのプレースホルダーをクリックし、枠線をドフッグします。

初期設定では、入力した文字がプレースホルダーに収まりきらなくなると、自動的に文字サイズや行間を調整して、プレースホルダーに収まるようにしてくれます。つまり、プレースホルダーに入力する文字数・行数が増えるほど、フォントサイズは小さくなるのです。したがって、特定のフォントサイズに固定しておきたいときは、ユーザーが文字列に対して設定し直す必要が出てきます。もちろん、その場合は本文を 2 枚のスライドに分割することも必要になってくるでしょう。

文字サイズや行間を自動調整したくない（自分で調整したいとき）は、文字が収まりきらなくなったら表示される（自動調整オプション）をクリックし、[このプレースホルダーの自動調整をしない] を選びます。なお、この自動調整オプションは図形として挿入したテキストボックスには表示されません。

(6) スライドの追加

スライドを追加するには、ウィンドウ左端のサムネイルウィンドウ（図 11.1 参照）で、追加したい位置の直前のスライドを選択して、[ホーム] タブ―[スライド] グループの（新しいスライド）をクリックします。選択したスライドのあとにスライドが挿入されます。

なお Microsoft 365 で PowerPoint を使っていると、スライドやセクション見出し（例題 11.4 参照）を追加するときに「デザイナー」という作業ウィンドウが開くときがあります。画像を使ったり書式を変更したりしたデザイン候補を提示してくれるので、必要に応じて活用してください。この機能は、[ホーム] タブまたは [デザイン] タブの（デザイナー）コマンドからも利用できます。

例題 11.2　プレゼンテーションの作成

7 枚のスライドからなるプレゼンテーションを作成します。まず、新しいスライドのサイズを変更したあと、スライドを追加していきます。

① [デザイン] タブ―[ユーザー設定] グループの（スライドのサイズ）をクリックし、リストから（標準 (4:3)）を選ぶ

＊コンテンツのサイズについての選択肢が表示されたら、[サイズに合わせて調整] を選ぶ

②「タイトルを入力」という表示のあるタイトルプレースホルダーをクリックし、「日本を旅しよう」と入力、改行して「《西日本編》」と入力する
③同じようにサブタイトルプレースホルダーに、学生番号と氏名を入力する
④［ホーム］タブの （新しいスライド）をクリックする
⑤追加された2枚目のスライドで、タイトルに「近畿地方」と入力する
⑥コンテンツプレースホルダーに、「本州の中西部に位置する」「三重県、滋賀県、京都府、大阪府、兵庫県、奈良県、和歌山県」と箇条書きで入力する
⑦［ホーム］タブの （新しいスライド）をクリックする
⑧追加された3枚目のスライドにも、タイトルに「近畿地方」と入力する
⑨コンテンツプレースホルダーに、「自然」「歴史・文化」「食」と順に箇条書きで入力する
⑩以下、図11.4を参考に、同様の手順でスライドを7枚目まで作成する（本文入力の際、右端の折り返しは図11.4と同じにならなくてもよい）
⑪「日本を旅しよう（西）」というファイル名で保存する

近畿地方
- 本州の中西部に位置する
- 三重県、滋賀県、京都府、大阪府、兵庫県、奈良県、和歌山県

2枚目

近畿地方
- 自然
- 歴史・文化
- 食

3枚目

中国・四国地方
- 本州の西部および四国地方
- 鳥取県、島根県、岡山県、広島県、山口県、徳島県、香川県、愛媛県、高知県

4枚目

中国・四国地方
- 自然
- 歴史・文化
- 食

5枚目

九州地方
- 日本列島の南西部に位置する
- 福岡県、佐賀県、長崎県、熊本県、大分県、宮崎県、鹿児島県、沖縄県

6枚目

九州地方
- 自然
- 歴史・文化
- 食

7枚目

図11.4　例題11.2　2枚目～7枚目

11.3　スライドの操作

(1) スライドの移動とコピー

スライドを移動したりコピーしたりするときは、サムネイルウィンドウで操作します。

移動するときは、サムネイルウィンドウ内の移動したいスライドサムネイルをクリックし、［ホーム］タブ―［クリップボード］グループの（切り取り）をクリックします。そして、移動したい場所の直前にあるスライドをクリックし、（貼り付け）をクリックします。別の方法として、スライドサムネイルをドラッグ&ドロップして移動することも可能です。

コピーするときは、スライドサムネイルをクリックし、［ホーム］タブ―［クリップボード］グループの（コピー）をクリックします。そして、挿入したい場所の直前にあるスライドサムネイルをクリックし、（貼り付け）をクリックします。

(2) スライドの削除

サムネイルウィンドウで、削除したいスライドサムネイルをクリックしてDeleteを押します。複数のスライドを同時に削除する場合はCtrlを押しながらサムネイルをクリックしていって、Deleteを押します。

スライドサムネイルを右クリックし、表示されたメニューから［スライドの削除］を選ぶ方法もあります。

(3) 表示モード

PowerPoint には 5 つの表示モードがあり、作業に応じて使い分けると効率的です。表示モードを切り替えるには、［表示］タブ―［プレゼンテーションの表示］グループの各コマンドボタンをクリックします (図 11.5)。以下に各モードの特徴を紹介します。「スライド一覧」と「ノート」の 2 つのモードは保存されるので、次に開いたときに同じモードで表示されます。

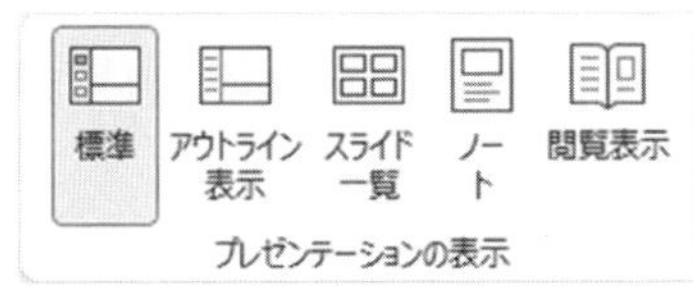

図11.5 ［表示］タブ―［プレゼンテーションの表示］グループ

(a) 標準

図 11.1 で紹介した、スライドの作成や編集を行うためのモードです。このモードで文字入力や図表の挿入、書式設定などの作業を行っていきます。PowerPoint で新しいスライドを開くとこのモードで表示されます。

(b) アウトライン表示

スライドサムネイルの替わりにスライドのタイトルと箇条書きの内容が表示されるモードです。Word のナビゲーションウィンドウに似た表示になります。プレゼンテーション全体の構成を確認しながら文字を編集したいときに使います。

(c) スライド一覧

プレゼンテーションに含まれるすべてのスライドを縮小して一覧表示するモードです。プレゼンテーション全体の構成を確認するときに使います。スライドの並べ替え（移動）や削除を行うのに適したモードです（図 11.6）。

(d) ノート

画面の上半分に選択したスライド、下半分にノートを表示するモードです。下半分のノートペインには、発表時に参考にしたいメモなどを入力できます（図 11.6）。標準レイアウトでも、スライドペインの下にノートペインを表示することができます（図 11.1 参照）。

(e) 閲覧表示

開いているウィンドウ内でスライドショーを実行するモードです。文字サイズやレイアウト、アニメーションや画面切り替えなど、プレゼンテーションの仕上がり具合を確認したいときに使います。

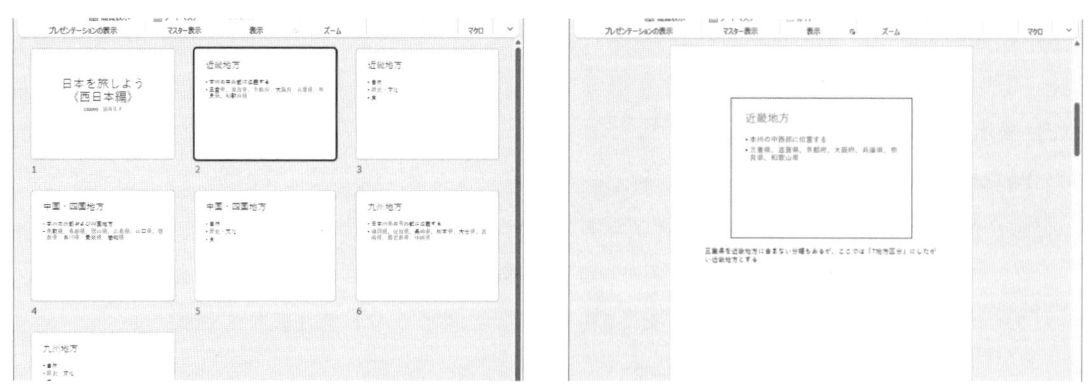

図11.6 スライド一覧表示とノート表示

例題 11.3a　スライドのコピーと削除

スライドのコピーと削除を練習します。ここでは、2 枚目のスライドをコピーして 7 枚目の後に貼り付けて、その後、削除します。

①サムネイルウィンドウで、2 枚目のスライドサムネイルをクリックし、［ホーム］タブ―［クリップボード］グループの（コピー）をクリックする

②7 枚目のスライドサムネイルをクリックし、［ホーム］タブ―［クリップボード］グループの（貼り付け）をクリックする。コピーした 2 枚目のスライドが 7 枚目のスライドのうしろ（8 枚目）に貼り付けられたことを確認する
③先ほど貼り付けた 8 枚目のスライドサムネイルをクリックし、Delete を押す
④「日本を旅しよう（西)」を上書き保存する

例題 11.3b　表示モードの切り替え

表示モードの切り替えを練習します。スライド一覧では、全体が見通しやすくなるので、スライドの順番を入れ替えてみましょう。また、ノートペインへの入力も行います。
①［表示］タブ―［プレゼンテーションの表示］グループの（スライド一覧）をクリックし、スライド一覧表示モードに切り替える
②5 枚目のスライドをドラッグし、タイトルスライド（1 枚目）の後ろに移動する
③4 枚目のスライドをドラッグして最後尾に移す
④同様の手順で、表紙以外のスライドを任意の順番に並べ替えてみる
⑤図 11.4 を参考に、スライドを元の順番に並べ替える
⑥［表示］タブの（標準）をクリックし、標準モードに戻す
⑦2 枚目のスライドを選び、ノートペインに（図 11.1 参照）「三重県を中部地方に含む分類もあるが、ここでは「7 地方区分」にしたがって近畿地方とする」と入力する
＊ノートペインが表示されていないときは、ステータスバーの（ノート）をクリックする
⑧［表示］タブの（閲覧表示）をクリックし、閲覧モードに切り替える
⑨マウスをクリックし、スライドショーを進める
⑩スライドショーが終了したら［表示］タブの（標準）をクリックし、標準モードに戻す
⑪「日本を旅しよう（西)」を上書き保存する

11.4　文字書式と段落書式

(1) 文字書式の変更

文字書式を変更するのは、Word と同じです。まず変更したい文字列を選択状態にしてから、［ホーム］タブ―［フォント］グループの各コマンドボタンをクリックして書式を設定します。プレースホルダー内のすべての文字を一度に書式設定したいときは、プレースホルダーの外枠をクリックして選択状態にします（次ページ Tips!参照）。

コマンドボタンにない詳細な書式設定をおこなうときは文字列を選択したあと、［ホーム］タ

ブ―［フォント］グループの右下隅の をクリックして［フォント］ダイアログボックスを表示します。表示されたダイアログボックスで詳細な書式設定をおこないます。

(2) ワードアートのスタイル

Word や Excel に備わっているワードアート機能が、PowerPoint にもあります。［挿入］タブ―［テキスト］グループの （ワードアート）をクリックし、Word や Excel と同じ手順でワードアートが挿入できます。

入力済みの文字に対して、簡単にワードアートのスタイルを設定することもできます。文字列、またはプレースホルダー全体を選択して、［図形の書式］タブ―［ワードアートのスタイル］のギャラリーから目的のスタイルを選択します（図 11.7）。

図11.7 ［図形の書式］コンテキストタブ―［ワードアートのスタイル］グループ

Tips!　プレースホルダーの選択

プレースホルダーをクリックした時点では、クリックした箇所にカーソルがあり、プレースホルダーの枠線は点線になります。これはテキスト入力状態です。そこからもう一度、プレースホルダーの枠線をクリックすることで、枠線が点線から実線に変わります。これで、プレースホルダーが選択状態になりました。テキスト内にあったカーソルはなくなっているはずです。この状態で書式を変更できるほか、プレースホルダーを移動したり、サイズを変更したりすることができます。

(3) 行間隔の調整

文字数が多くなると行間隔が狭すぎて読みづらい場合があります。そのような場合に、文字数や文字サイズに応じて行間隔を調整すると見やすいスライドになります。

行間隔を調整するには、目的の段落、またはプレースホルダーを選択して、［ホーム］タブ―［段落］グループの （行間）をクリックし、ドロップダウンされるリストから行間を選びます。［行間のオプション］をクリックすると詳しい設定ができます。

(4) インデントの利用

スライドにテキストを入力するときには、アウトラインに注意します。ここでいうアウトラインとは、箇条書きのレベルのことです。箇条書きのレベルを付けるには、インデント機能を利用します。インデントを設定すると、項目を階層的に表示することができ、段落の上下関係が明確になって見やすいスライドになります。

インデントを設定するには、［ホーム］タブ—［段落］グループの（インデントを増やす）をクリックします。クリックするごとに段落のレベルが 1 つずつ増えて、下の階層に移動します。（インデントを減らす）をクリックすると、段落のインデントが 1 つずつ減り、階層が上がります。

インデントを設定すると、段落の開始位置が変わるとともに、レベルにあわせたフォントサイズや行頭文字になります（図 11.8）。

(5) 箇条書きの行頭文字を設定する

スライドの本文は箇条書きが多くなります。新しいスライドでは、箇条書きの行頭文字は、あらかじめ前項の「レベル」に応じて「●」や「－」などに設定されています。

これらの行頭文字や、段落番号の付け方を変更するときは、部分的であれば該当する段落のみを、本文すべてを変更するのであればプレースホルダー全体を選択して、［ホーム］タブ—［段落］グループの（箇条書き）の、または（段落番号）のをクリックしてギャラリーから書式を選びます（図 11.9）。ここで［箇条書きと段落番号］を選択すると、ダイアログボックスが表示され詳細な設定ができます。

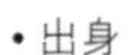

図11. 8　インデントの例

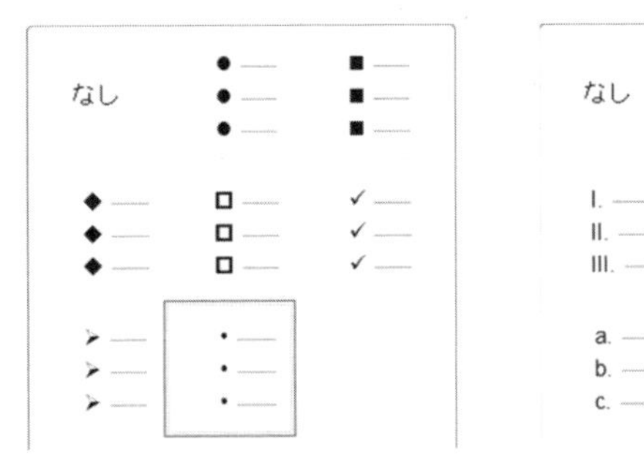

図11. 9　箇条書き行頭文字と段落番号のギャラリー

例題 11.4a　文字書式の設定

「日本を旅しよう（西）」のすべてのスライドで、［タイトル］プレースホルダーの書式を変更します。表紙タイトルはワードアートのスタイルを適用して、残りのスライドのタイトルは［ホーム］タブから書式を変更しましょう。

①表紙スライドで、タイトルの文字列を選択状態にする

②［図形の書式］コンテキストタブ―［ワードアートのスタイル］グループ（図 11.7 参照）で、クイックスタイルギャラリーから、A（塗りつぶし：オレンジ、アクセントカラー2；輪郭：オレンジ、アクセントカラー2）をクリックする
③「《西日本編》」のみフォントサイズを 48 にする
④同様にサブタイトルも選択状態にして、ギャラリーから A（塗りつぶし：青、アクセントカラー1；影）を選択する
⑤2 枚目のスライドでタイトル文字列「近畿地方」を選択状態にする
⑥フォントを［游ゴシック Medium］、フォントサイズを［60］。フォントの色を［標準の色］の［緑］に設定する
⑦3 枚目から 7 枚目のスライドについても、タイトルを⑥と同じ書式に設定する
⑧「日本を旅しよう（西）」を上書き保存する

例題 11.4b　段落書式の設定

3、5、7 枚目のスライドに対して、インデントを設定しながら文章を追加していきます。
①サムネイルウィンドウで、3 枚目のスライドをクリックする
②「自然」の行末で Enter を押して空白行を挿入して、［ホーム］タブの（インデントを増やす）をクリックしてインデントを 1 つ増やす
③「熊野古道、天橋立、那智の滝、琵琶湖、鳴門海峡など」と入力する
④同様の手順で「歴史・文化」の下に行を挿入して、「清水寺、東大寺、大阪城、姫路城、石舞台古墳、伊勢神宮、熊野三社など」と入力する
⑤同様の手順で「食」の下に行を挿入して、「たこ焼き、おばんざい、柿の葉寿司、串カツ、松坂牛など」と入力する
⑥図 11.10 を参考に、残りのスライドについても本文を追加していく
⑦「日本を旅しよう（西）」を上書き保存する

例題 11.4c　箇条書きの行頭文字の設定

本文のプレースホルダーの行頭文字を変更します。
①3 枚目のスライドの本文の「自然」の文字列を選択する
②［ホーム］タブ―［段落］グループの（箇条書き）右側のをクリックし、（矢印の行頭文字）を選択する

③「歴史・文化」や「食」の文字列についても、同じ行頭文字を設定する
④図 11.10 を参照して、5 枚目と 7 枚目も同様に設定する
⑤「日本を旅しよう（西)」を上書き保存する

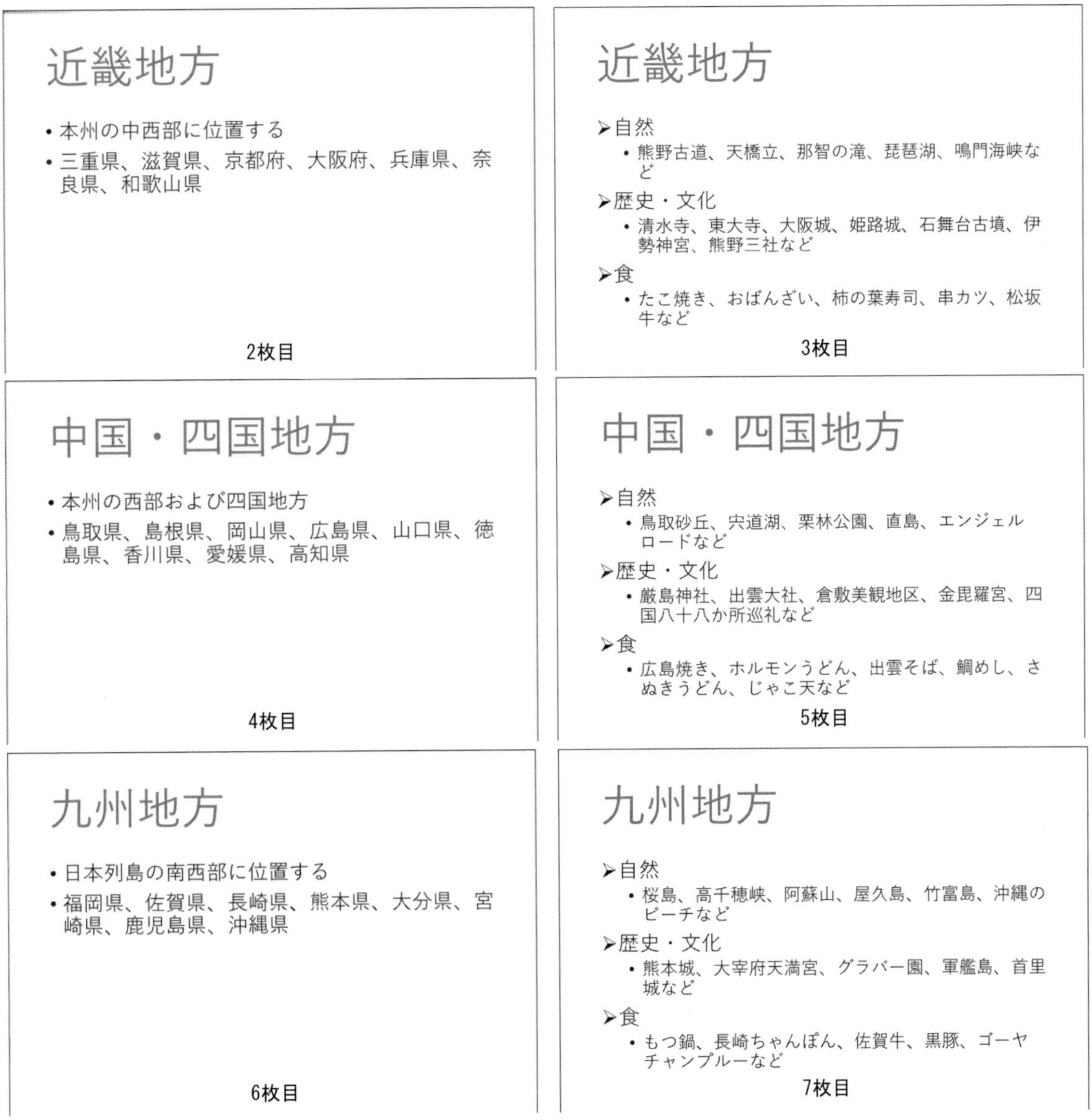

図11.10 例題11.4 完成図

11.5 レイアウトの変更

(1) レイアウトの変更

タイトルの有無、本文を横書きにするか縦書きにするかなど、スライド1枚ごとに、レイアウトを設定できます。

まず、すでにあるスライドのレイアウトを変更するには、サムネイルウィンドウで、変更したいスライドを選択して、[ホーム] タブ―[スライド] グループで (レイアウト) ボタン右側のをクリックしてギャラリーから選択します（図11.11)。

(2) スライドの追加時のレイアウト

通常、新しいスライドを追加するとき、そのレイアウトは直前のスライドと同じレイアウトになります（表紙の直後は［タイトルとコンテンツ］になります)。

スライド追加時にレイアウトを指定するには、[ホーム] タブ―[スライド] グループの (新しいスライド) アイコンの下にある、[新しいスライド] をクリックします。図11.11と同じようにリストが表示されるので追加したいレイアウトをクリックします。

レイアウトを変更すると、それまでの文字書式・段落書式も変更されることがあります。場合によっては、再度ユーザーが調整し直す必要もあるでしょう。

(3) レイアウトのリセット

プレースホルダーのサイズを変更したり位置を変更したりして、もともとのレイアウトがわからなくなってしまった場合はリセットができます。

リセットするには、サムネイルウィンドウで目的のスライドを選択して、[ホーム] タブ―[スライド] グループの (リセット) をクリックします。

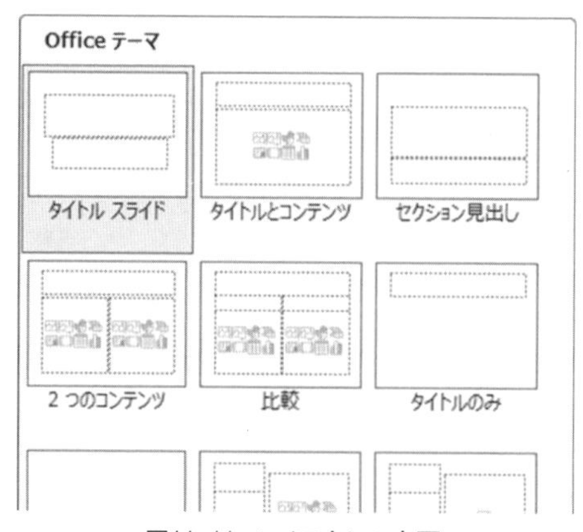

図11. 11 レイアウトの変更

Tips!　アウトライン文書の読み込み

アウトラインレベル（5.1 節参照）を設定した Word 文書は、その文章構造をそのまま PowerPoint のスライドに変換できます。章立てをした長文を元にプレゼンテーションするときに便利です。
上記［新しいスライド ⌄］でドロップダウンされるメニューから、（アウトラインからスライド）を選ぶと、アウトライン文書がスライドとして読み込まれます。このとき、アウトラインレベル 1 が各スライドのスライドタイトルに、レベル 2 以下がコンテンツプレースホルダーの箇条書きになり、「本文」レベルについては読み込まれません。

例題 11.5　スライドのレイアウトの変更

スライドのレイアウトを変更します。

①サムネイルウィンドウで、2 枚目のスライドをクリックする

②［ホーム］タブの（レイアウト）をクリックし、ギャラリーから（セクション見出し）を選択する

③4 枚目と 6 枚目のスライドについても、同様のレイアウトに変更する

④「日本を旅しよう（西）」を上書き保存する

練習問題 11

(1) 例題 11.5 で作成した「日本を旅しよう（西）」をもとに、178 ページ例文 36 のようにスライドを追加して、ファイル名「日本を旅しよう」で保存しなさい。表紙のタイトルは「日本を旅しよう《全国編》」に変更して、追加するスライドのレイアウト・書式は例題内容に準じること。

(2) 179 ページ例文 37「知的財産権」を作成しなさい。スライドのサイズは標準。各スライドのフォントサイズや行の折り返しはサンプル通りでなくてもかまいません。5 枚目を段落番号「C)」で始めるためには、段落番号のメニューで［箇条書きと段落番号］を選び、ダイアログボックスで開始を［3］にすること。

(3) 新しいプレゼンテーション「私のお気に入り」を作成しなさい。自分の「好き」「大切」を紹介するプレゼンテーションです。スライドのサイズはワイド画面。表紙をふくめて合計 6 枚以上のプレゼンテーションにしなさい。

- 表紙タイトルに「私のお気に入り」、サブタイトルに学生番号と氏名を入力する
- 2 枚目以降のスライドタイトルは、②「好きな曲」③「好きな言葉」④「好きな○○」⑤「大切な時間」⑥「大切な○○」

・コンテンツでは、タイトルにあわせて第 1 レベルに自分の好きなもの／こと・大切なものことを、第 2 レベルに短いコメントを入力する（第 1 レベルは 1 つでなくてもよい）
・4 枚目と 6 枚目は独自の項目を設定。他のスライドで項目を変更してもかまわない

Lesson 12　PowerPoint 2

スライドの装飾

12.1　テーマの適用

（1）テーマを適用する

PowerPoint には、テーマとよばれるスライドのデザインが用意されています。テーマを使用することで、簡単に見栄えのよいプレゼンテーションを作成できます。テーマを適用すると、フォントの種類やサイズ、スライドの背景、レイアウトなどが自動的に設定されます。ユーザーが前もって設定した書式が変更されることもあるので注意しましょう。必要があれば再設定してください。

すべてのスライドに同じテーマを適用するときは、任意のスライド上で、［デザイン］タブ—［テーマ］グループのテーマのギャラリーをクリックして選びます。右隅の▼をクリックすると一覧で表示されます（図 12.1）。このとき各テーマの上にマウスポインタを移動すると、テーマの名前とともに、スライド上でのプレビューが表示され、適用後の結果を確認できます。

1 枚のスライドだけにテーマを適用するには、ギャラリー上でテーマを右クリックし、コンテキストメニューから［選択したスライドに適用］を選びます。

図12.1　テーマのギャラリー

（2）バリエーションの設定

テーマでは、スライド内の色の組み合わせ、基準となるフォントなどの組み合わせをセットで変更できます。［デザイン］タブ—［バリエーション］の右隅の▼をクリックすると、配色・フォント・効果・背景のスタイルを一括して設定できます（図 12.2）。

図12.2　バリエーションの設定（フォント）

例題 12.1　テーマの適用

Lesson 11 で作った「日本を旅しよう（西）」に［ファセット］というテーマを適用します。さらに配色をスリップストリームに変更します。

①「日本を旅しよう（西）」を開く

②［デザイン］タブ―［テーマ］グループのギャラリーで（ファセット）を選ぶ

③［デザイン］タブ―［バリエーション］のギャラリーで、右隅のをクリックし、［配色］のリストから（スリップストリーム）を選ぶ

④「日本を旅しよう（西）」を上書き保存する

12.2　SmartArt の挿入

（1）画像と図形の挿入

画像や図形の使い方は Word や Excel と同じです。画像の挿入については 4.1 節を、図形の挿入については 3.2 節を参照してください。ただし、PowerPoint では、挿入された画像や図形について、「文字列の折り返し」の設定はありません。

保存されているカメラの画像やグラフィックソフトで描いた図を挿入するときは、［挿入］タブ―［画像］グループの（画像）から［このデバイス］をクリックします。表示される［図の挿入］ダイアログボックスで、画像が保存されている場所を選びファイルを指定します。

直線や矢印、テキストボックスなどの図形を挿入するときは［挿入］タブ―［図］グループの（図形）をクリックして選びます。たとえば、テキストボックスを利用すると、プレースホルダー以外の場所に自由に文字列を配置できます。PowerPoint では、［ホーム］タブ―［図形描画］グループのギャラリーからも、挿入する画像を選べます。

（2）ストック画像とオンライン画像の挿入

ストック画像とオンライン画像についても Word 同様です（4.1 節参照）。

ストック画像は［挿入］タブ―［画像］グループの（画像）で、［画像の挿入元］として［ストック画像］をクリックします。［ストック画像］ウィンドウで、画像の種類やキーワードで絞り込んで画像を指定してください。

オンライン画像を挿入するには、同様に［画像の挿入元］で［オンライン画像］をクリックします。［オンライン画像］ウィンドウの検索ボックスにキーワードを入力して検索するか、カテゴリーの中から画像を検索します。

いずれの場合も、目的の画像をクリックしてチェックを入れ、［挿入］ボタンをクリックします。

Tips!　オンライン画像とライセンス

オンライン画像を挿入すると、一緒にライセンス情報を記したテキストボックスが表示されることがあります。こうした画像には「クリエイティブ・コモンズ・ライセンス」というライセンスが設定されていて、場合によっては画像に添えて帰属表示が義務づけられています。
ただし、詳しい著作権者や使用条件については、表示されたテキストボックスでは判断できないことも多く、画像に表示されたテキストボックスのリンクを開き、元サイトの記載内容を確かめる必要もあるでしょう。なお、クリエイティブ・コモンズ・ライセンスについての詳細は https://creativecommons.jp を参照してください。

(3) SmartArt とは

手順や組織構成、階層構造などを図で表したいときに、図形を組み合わせて作成するのは手間がかかります。そのようなときには SmartArt を利用するとよいでしょう。SmartArt には、リスト・手順・循環・階層構造・集合関係・マトリックス・ピラミッド・図の 8 種類に分類されたレイアウトが用意されています。これらのレイアウトをもとに、文字を入力して編集を進めるだけで、簡単に図を作成できます（図 12.3）。

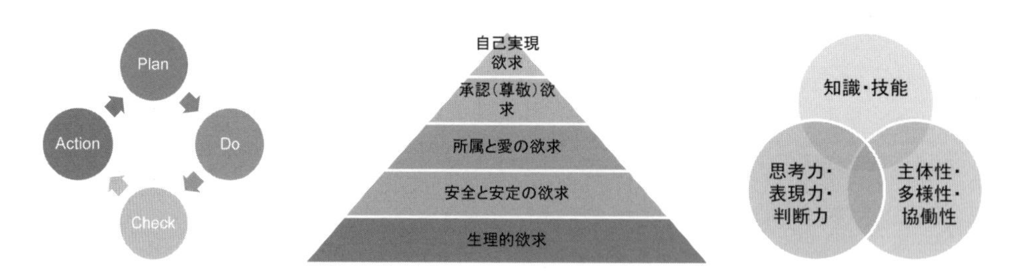

図12.3 SmartArtの例

(4) SmartArt の挿入

SmartArt を挿入するには、［挿入］タブ―［図］グループの （SmartArt）をクリックします。表示されるリストから、描きたい図に近いレイアウトを選択して、［OK］ボタンをクリックすると、SmartArt グラフィックが挿入されます（図 12.4）。

SmartArt を挿入すると、グラフィックの横に「ここに文字を入力してください」と書かれたテキストウィンドウが表示されます。テキストウィンドウをクリックして文字を入力すると、グラフィック本体に並んだ図形内に文字が表示されます。

テキストウィンドウを非表示にするには、SmartArt 横の をクリックするかテキストウィンドウ右上の （閉じる）をクリックします。再度、テキストウィンドウを表示するには、SmartArt 横の をクリックします。［SmartArt のデザイン］コンテキストタブ―［グラフィックの作成］グループの （テキストウィンドウ）ボタンでも、表示・非表示が切り替わります。

また、SmartArt の選択を解除すると、テキストウィンドウは非表示になります。

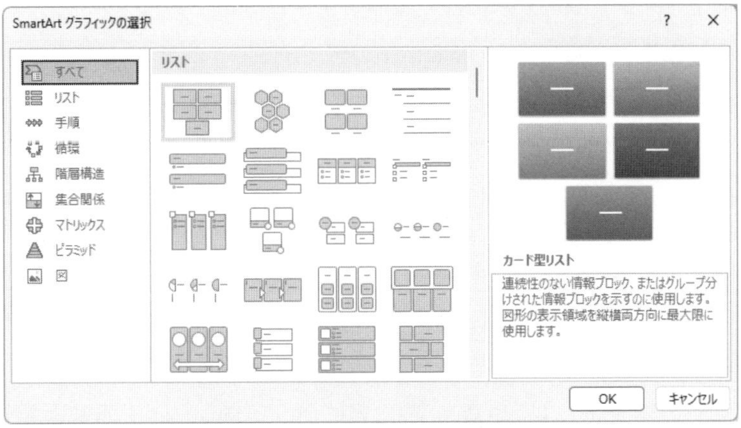

図12.4 SmartArtグラフィックの選択

(5) SmartArt の編集

(a) 図形の追加と削除

SmartArt にテキスト入力欄を増やす、すなわち図形を追加するには、追加したい位置の隣にある図形をクリックし、[SmartArt のデザイン] コンテキストタブ―［グラフィックの作成］グループの（図形の追加）をクリックし、（後に図形を追加）または（前に図形を追加）を選択します。

SmartArt の図形を削除するには、削除したい図形をクリックし、Delete を押します。

(b) 図形の配置・レイアウトの変更

図形の配置（テキストの位置関係）を変更するには、[SmartArt のデザイン] コンテキストタブ―［グラフィックの作成］グループの←（レベル上げ)、→（レベル下げ)、↑（上へ移動)、↓（下へ移動）をクリックします。

図形のレイアウト（向き）を左右入れ替えるには同じグループから（右から左）をクリックします。

(c) スタイル・色の変更

SmartArt には、あらかじめスタイルやカラーバリエーションが豊富に用意されています。

スタイルを変更するには、[SmartArt のデザイン] コンテキストタブ―[SmartArt のスタイル] グループのギャラリーから選びます。右隅のをクリックすると、スタイルが一覧で表示されて選びやすくなります。色を変更するには、（色の変更）をクリックし、適用したい色を選びます。

(d) 図形への変換

SmartArt として挿入したグラフィックを、[挿入] タブ―（図形）で挿入する図形（描画オブジェクト）に変換できます。これにより、図形を個別に変更したり移動したりできるようになります。テキストウィンドウの表示はなくなります。

SmartArt を図形に変換するには、［SmartArt のデザイン］コンテキストタブ―［リセット］グループの（変換）をクリックし、（図形に変換）を選択します。

図形に変換した直後は、図形がグループ化された状態になっています。グループ化を解除するには、図形が選択された状態で、［図形の書式］コンテキストタブ―［配置］グループの（グループ化）をクリックし、［グループ解除］を選択します。

例題 12.2　SmartArt の挿入

図 12.5 を参考に「日本を旅しよう（西）」の内容に合った SmartArt を挿入します。

①サムネイルウィンドウで、3 枚目のスライドサムネイルをクリックする

②［挿入］タブ―［図］グループの（SmartArt）をクリックする

③［SmartArt グラフィックの選択］ウィンドウで、［集合関係］から（放射ブロック）をクリックし、［OK］を押します

④各テキストウィンドウに、「近畿を楽しむ」「自然」「歴史・文化」「食」をそれぞれ入力する

⑤［SmartArt のデザイン］コンテキストタブ―［SmartArt のスタイル］グループの（色の変更）をクリックし、（カラフル - 全アクセント）を選択する

⑥［SmartArt のデザイン］コンテキストタブ―［SmartArt のスタイル］グループのギャラリーから、4 番目の（グラデーション）を選択する

⑦SmartArt のサイズを調整して、適切な位置に配置する（サンプル通りでなくてもよい）

⑧「日本を旅しよう（西）」を上書き保存する

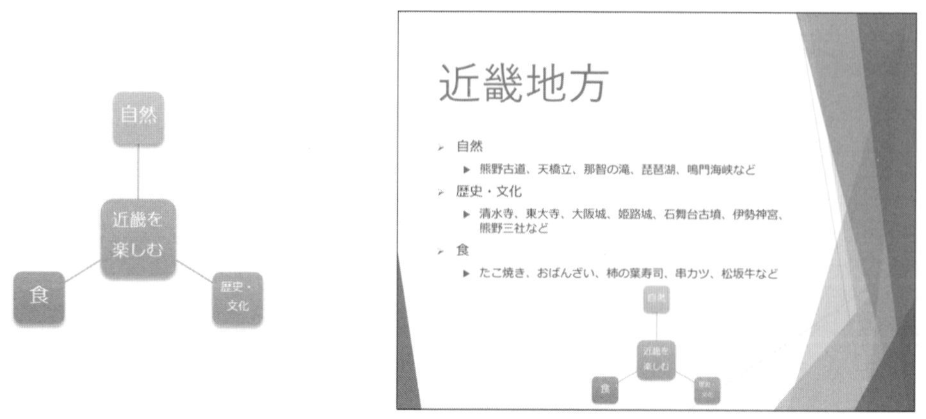

図12.5 例題12.2 SmartArtの挿入

12.3　画面切り替え

(1) 画面切り替え効果を設定する

スライドが切り替わるときに、ページをめくるようにして切り替わったり、回転しながら次のスライドが現れたりする効果を画面切り替えとよびます。次節のアニメーション同様、聞き手の注意を引くのに効果的です。

画面切り替えを設定するには、サムネイルウィンドウでスライドをクリックして選択して、［画面切り替え］タブ―［画面切り替え］グループのギャラリーから目的の効果を選びます。右隅の をクリックすると、切り替え効果のギャラリーが一覧で表示されます（図 12.6）。リストの先頭にある［なし］を選ぶと、切り替え効果は削除されます。

すべてのスライドに同じ効果を設定する場合は、［タイミング］グループで (すべてに適用) をクリックします。

効果を確認するには、［プレビュー］グループの （プレビュー）をクリックします。

(2) 画面切り替え効果のオプションを設定する

画面切り替え効果が設定されているときは、効果の種類に応じて、画面切り替えの向きや形など［効果のオプション］を設定できます。たとえば、画面切り替えで［キューブ］を選ぶと、効果の方向が設定できます（図 12.7）。

図12.6　切り替え効果のギャラリー

図12.7　効果のオプション（キューブ）

12.4　アニメーション

(1) アニメーションを設定する

スライド内のオブジェクト（文字、図表、画像などのこと）にアニメーション効果を付けるのも有効です。たとえば、「説明に合わせて箇条書きを 1 項目ずつ表示する」アニメーションを設定しておくと、聞き手は、今どの項目の説明をしているのかが分かるし、また、次の項目は何だろうと興味を持ちながら話を聞くことになるでしょう。

アニメーション効果を設定するには、まず対象となるオブジェクトを選択します。文字の場合はプレースホルダー内あるいはプレースホルダーの外枠をクリックして選択します。つぎに［アニメーション］タブ―［アニメーション］グループのギャラリーから、適用したいアニメーションを選びます。右隅の をクリックすると、アニメーションのスタイルが一覧で表示されて選びやすくなります（図 12.8）。表示された以外のアニメーションを設定するには、スタイルギャラリー最下部の［その他の開始効果］、［その他の強調効果］、［その他の終了効果］などをクリックします。

［プレビュー］グループの （プレビュー）をクリックすると、現在のスライドに設定した全てのアニメーション効果をプレビューできます。

(2) アニメーション効果のオプションを設定する

画面切り替えと同様、アニメーションでも［効果のオプション］ボタンが有効になります。これをクリックすると、効果に応じてアニメーションの方向や再生方法が設定できます。たとえば （スライドイン）ならば、スライドしてくる方向が選べます（図 12.9）。また、［アニメーション］グループの をクリックしてダイアログボックスを開くと、より詳細な設定ができます。

図12.8 アニメーションスタイルのギャラリー

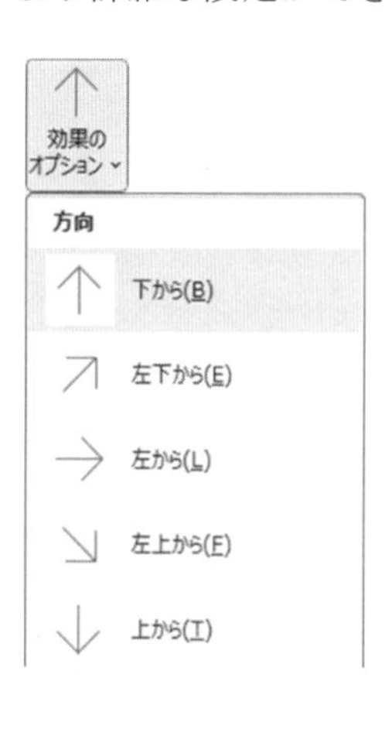

図12.9 効果のオプション（スライドイン）

(3) アニメーションの変更・削除・追加

アニメーションを変更するには、目的のオブジェクトを選択して、もう一度ギャラリーから選びなおします。

アニメーションを削除するには、目的のオブジェクトを選択して、ギャラリーから先頭の［なし］を選びます。

1つのオブジェクトに複数のアニメーションを設定することもできます。アニメーションを追加したいオブジェクトを選択して、［アニメーション］タブ―［アニメーションの詳細設定］グループの☆（アニメーションの追加）をクリックすると、スタイルギャラリーが表示されるので、そこから効果を選びます。

Tips!　アニメーションの再生順序やタイミングを変更する

アニメーションを設定すると、オブジェクトの横に数字が表示されるようになります。これはアニメーションの再生順序を表しています。再生順序を変更するには、目的のオブジェクトを選択しておいて、［アニメーション］タブ―［タイミング］グループから、（順番を前にする）か（順番を後にする）をクリックします。
再生のタイミングを変更するには、同じく［タイミング］グループにある、［開始］［継続時間］［遅延］で設定します。
また、［アニメーション］タブの（アニメーションウィンドウ）をクリックすると、画面右側にアニメーションウィンドウが開きます。このウィンドウ内で各要素をクリックすると表示されるをクリックして詳細設定をすることもできます。

例題 12.3　画面切り替えの設定

「日本を旅しよう（西）」に「キューブ（下から）」の画面切り替え効果を設定しましょう。この効果は、すべてのスライドに適用します。

①任意のスライドで、［画面切り替え］タブの切り替え効果のギャラリーで右隅のをクリックする
②表示される一覧の中から（キューブ）をクリックする
③［効果のオプション］をクリックし、（下から）を選ぶ
④（プレビュー）をクリックして効果を確認する
⑤［タイミング］グループの（すべてに適用）をクリックする
⑥「日本を旅しよう（西）」を上書き保存する

例題 12.4　アニメーションの設定

3枚目の本文に「右からスライドインする」というアニメーションを設定します。

①サムネイルウィンドウで 3 枚目のスライドサムネイルを選択して、コンテンツプレースホルダーをクリックする
②［アニメーション］タブのアニメーションスタイルのギャラリーで、（スライドイン）をクリックする
③↑（効果のオプション）をクリックし、←（右から）を選ぶ
④［アニメーション］タブで☆（プレビュー）をクリックして効果を確認する
⑤5 枚目と 7 枚目のスライドのコンテンツプレースホルダーについても、同様のアニメーションを設定する
⑥「日本を旅しよう（西)」を上書き保存する

12.5　スライドショーの実行

(1) スライドショーを実行する

編集が終わったらスライドショーを実行して、文字サイズやレイアウト、アニメーションや画面切り替えなど、仕上がり具合を確認します。

スライドショーを 1 枚目のスライドから始めるには、［スライドショー］タブ—［スライドショーの開始］グループの（最初から）をクリックします。F5を押しても最初からスライドショーが始まります。

スライドショーはマウスクリック、または、Enterで進めていきます。さらに、↓と↑、あるいは→と←を使うと、スライドショーを進めるだけではなく戻ることもできて便利です。

作業中のスライドからスライドショーを始めるには、［スライドショー］タブ—［スライドショーの開始］グループの（現在のスライドから）をクリックします。Shiftを押しながらF5を押しても作業中のスライドからスライドショーが始まります。

スライドショーを途中でやめるには、Escを押します。

(2) コントロールバーとインク注釈

スライドショーを実行中にマウスを操作すると、画面の左下にコントロールバーが浮かび上がってきます。コントロールバーには、スライドショーの進行や、スライド一覧、ズームなど、さまざまなボタンが並んでいます（図 12.10)。

図12. 10　コントロールバー

コントロールバーのをクリックし、（ペン）や（蛍光ペン）を選ぶと、マウスをドラ

ッグしてスライド上に線などを書き込むことができます。これをインク注釈といいます（図12.11）。

ただし、この操作中は、マウスクリックによるスライドショー進行が使えなくなるので、同じコントロールバーの▷と◁を使うか、あるいは前節で述べたキーボードを使う方法でスライドショーを進めてください。また、Escを押すことで、ペンのモードが解除されて、通常のマウスの働きに戻ります。

インク注釈を消去するには、✎から◇（消しゴム）を選び、目的のインク注釈をクリックするか、同メニューで［スライド上のインクをすべて消去］を選択します。

（3）発表者ツール

聴衆が見る画面にスライドショーを表示する一方で、発表者の手元のデバイスには発表者ツールを表示することができます。発表者ツールでは、次のスライドの内容やノートに入力した内容を確認したり、さまざまなツールを利用できたりします（図12.12）。

発表者ツールを使用するには、［スライドショー］タブ―［モニター］グループの［発表者ツールを使用する］をチェックします。その後、スライドショーを実行すると、発表者のデバイスは発表者ツールが表示されるようになります。上記のチェックをしていない場合でも、スライドショー実行中にコントロールバーの⋯から、［発表者ツールを表示］あるいは［発表者ツールを非表示］をクリックして切り替えることもできます。

ただし、接続するプロジェクターやディスプレイによっては発表者ツールや発表者ツールが正常に機能しないこともあるので注意してください。

図12.11　インク注釈の例

図12.12　発表者ツール

例題 12.5　スライドショーの実行

「日本を旅しよう（西）」のスライドショーを実行します。インク注釈も練習してみましょう。

①［スライドショー］タブ―［スライドショーの開始］グループの (最初から) をクリックする
②マウスクリックでスライドショーを進める
③4 枚目のスライド（近畿地方）に切り替わって、アニメーションが終了したところで、コントロールバーのをクリックし、（蛍光ペン）を選択する
④マウスポインタがペンに変わったら、任意の文字列に線を引く
⑤Escを押して蛍光ペンをキャンセルする
⑥スライドショーを最後まで実行し、インク注釈の［破棄］を選択して終了する
⑦「日本を旅しよう（西)」を上書き保存する

12.6　配布資料の印刷

（1）配布資料の設定

発表では、資料（ハンドアウト）を配るのが一般的で、聴衆はハンドアウトにメモを書き込んだり、文章や図表を手元で確認したりします。

PowerPoint では、複数のスライドを 1 枚の用紙に割り付けて印刷する「配布資料」という機能があります（図 12.13）。配布資料を印刷するには、［ファイル］タブ―［印刷］で、［フルページサイズのスライド］をクリックして配布資料のレイアウトを指定します（図 12.14）。スライドに枠を付けたり、スライドのサイズを用紙に合わせて拡大/縮小することもできます。また、配布資料にヘッダーやフッターを設定することもできます。

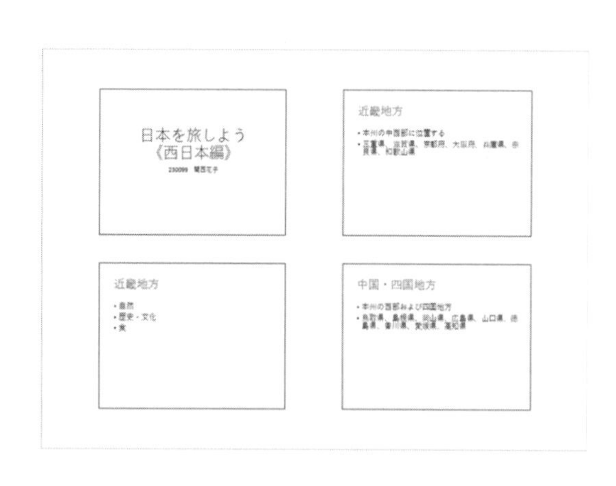

図12. 13　配布資料の例

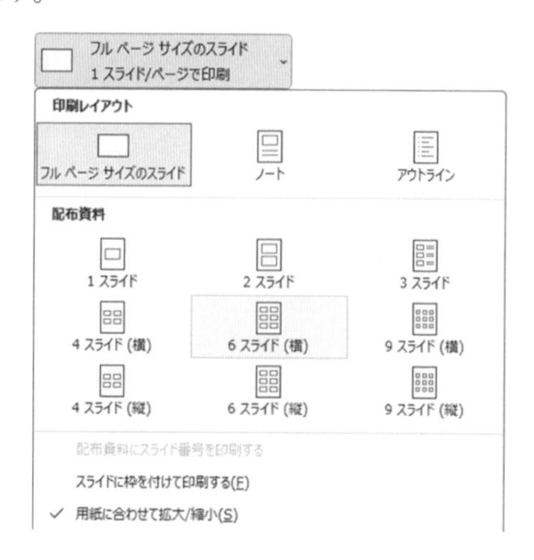

図12. 14　配布資料の印刷設定

配布資料のレイアウトは、あらかじめ詳しく設定しておくこともできます。［表示］タブ―［マスター表示］グループの（配布資料マスター）をクリックします。［配布資料マスター］タブでは、［ページ設定］グループや［プレースホルダー］グループなどの各コマンドを使って項目を設定します。設定が終わったら（マスター表示を閉じる）をクリックします。

(2) ヘッダーとフッター

Word や Excel 同様、PowerPoint の印刷でもヘッダー・フッターが設定できます。

［挿入］タブ―［テキスト］グループの（ヘッダーとフッター）をクリックすると［ヘッダーとフッター］ダイアログボックスが表示されます。配布資料の設定をするなら、ここで［ノートと配布資料］タブに切り替えます（図 12.15）。日付と時刻の追加を選べるほか、［ヘッダー］、［フッター］のチェックボックスをオンにすれば、挿入する文字列が入力できます。日付については、［自動更新］を選べば、作業のたびに印刷当日の日付に更新されますが、［固定］を選ぶことで、資料を配布する授業日のように特定の日付にしておくことも可能です。配布資料の全ページに同じ設定を適用するときは［すべてに適用］をクリックします。

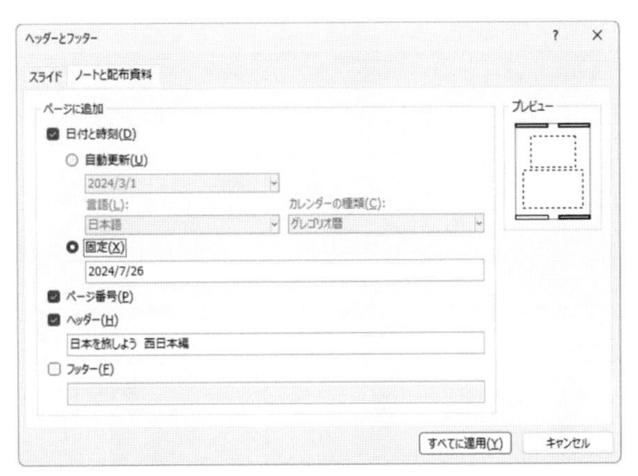

図12.15 ヘッダーとフッターダイアログボックス（ノートと配布資料）

Tips!　スライドごとのヘッダーとフッター

上記ダイアログボックスで［スライド］タブを選ぶと、1 枚 1 枚のスライドについてのヘッダー・フッターが設定できます。たとえば、ページ番号にあたる「スライド番号」を表示することもできますが、設定しているテーマのデザイン次第では、視認しにくくなることもあります。

例題 12.6　配布資料の印刷

図 12.16 のように 1 ページあたり 6 枚のスライドを配置した配布資料の印刷設定を行います。フッターにページ番号を、ヘッダーには氏名と日付を入力します。

① ［表示］タブの （配布資料マスター）をクリックする

② ［配布資料マスター］タブ－［ページ設定］グループの （1 ページあたりのスライド数）をクリックし、 （6 枚）を選ぶ

③ ［配布資料マスター］タブの （配布資料の向き）をクリックし、 （横）を選ぶ

④ ［配布資料マスター］タブの （マスター表示を閉じる）をクリックする

⑤ ［挿入］タブ－［テキスト］グループの （ヘッダーとフッター）をクリックする

⑥ ［ヘッダーとフッター］ダイアログボックスで、［ノートと配布資料］タブに切り替える

⑦ ［日付と時刻］のチェックをオンにし、さらに［固定］のチェックをオンにしてから、次回授業日（または任意の日付）を入力する

⑧ ［ヘッダー］のチェックをオンにして、学生番号と氏名を入力する

⑨ ［ページ番号］をチェックする

⑩ ［すべてに適用］をクリックする

⑪ ［ファイル］タブ—［印刷］で［フルページサイズのスライド］をクリックし、［6 スライド（横）］を選び（図 12.14 参照）印刷プレビューを確認する

⑫「日本を旅しよう（西）」を上書き保存する

図12.16 例題12.6 配布資料の印刷

12.7 サマリーズームと目次スライド

サマリーズームは、プレゼンテーションの構造をよりわかりやすく伝えるための機能です。この機能を使うと、プレゼンテーションの内容を要約した目次となるスライドを簡単に作成できます。これにより、聴衆がプレゼンテーション全体の構造を把握しやすくなります。目次スライドを使用することで、目的のスライドに素早く移動したり、プレゼンテーションの進行をスムーズにするのに役立ちます。サマリーズームは、スライド枚数が多く、かつ、それらがいくつかのブロックに分割できるようなプレゼンテーションで役立つ機能です。

サマリーズームを使って目次スライドを作成するには、［挿入］タブ―［リンク］グループの（ズーム）をクリックし、（サマリーズーム）をクリックします。［サマリーズームの挿入］にスライドが一覧で表示されるので、目次スライドに掲載したいスライドをクリックしてチェックを入れ、［挿入］をクリックします（図 12.17）。すると、目次スライドが自動的に作成されます。適宜スライドタイトルを入力しましょう。

目次スライドを編集するときは、スライドのサムネイルをクリックし、［ズーム］コンテキストタブを利用します。［ズームオプション］グループや［ズームのスタイル］グループにある各コマンドを使って編集を行います。目次スライドを作成すると、自動的にスライドが目次ごとにセクションに分割されます。セクションはサムネイルウィンドウで確認できます。また、表示モードを［スライド一覧］にすると、セクションの構造がわかりやすくなります。スライドショー実行中に、この目次スライドのサムネイルをクリックすると、直接そのセクションのスライドショーが始まり、セクションが終了すると、目次スライドに戻ります。

目次スライドを削除したいときは、目次スライドをクリックし、Delete を押します。ただし、セクションは保持されています。セクションを削除したいときは、いずれかのセクション名の上で右クリックし、［すべてのセクションの削除］をクリックします（図 12.18）。

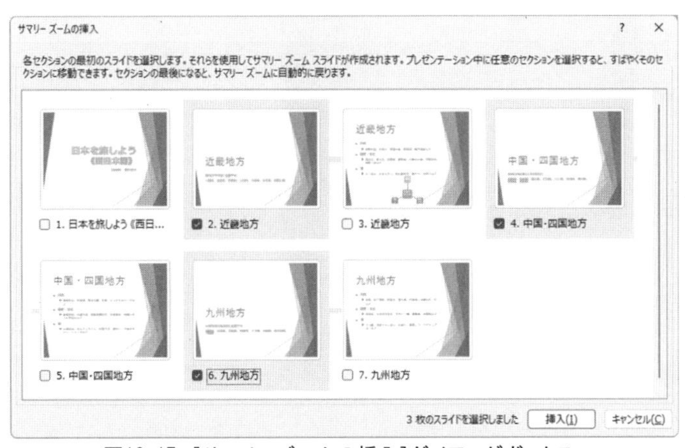

図12.17 ［サマリーズームの挿入］ダイアログボックス

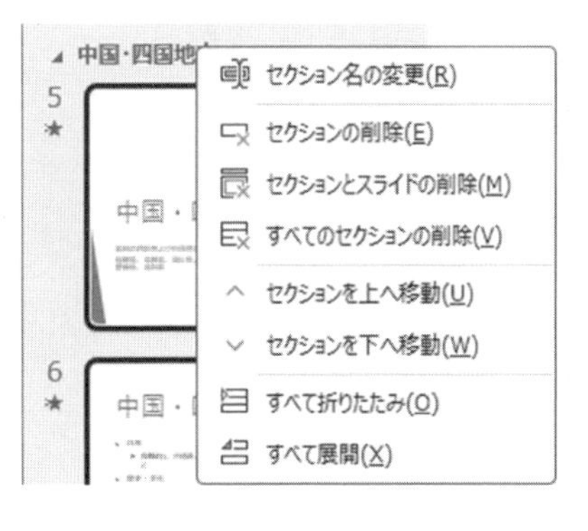

図12.18 セクションの削除

例題 12.7　サマリーズームによる目次スライドの作成

「日本を旅しよう（西)」について、サマリーズームを使って図 12.19 のような目次スライドを作成します。

①［挿入］タブ―［リンク］グループの（ズーム）をクリックし、（サマリーズーム）をクリックする

②［サマリーズームの挿入］にスライドが一覧で表示されるので、2 枚目・4 枚目・6 枚目のスライドをクリックして選び、［挿入］をクリックする

③目次スライドが 2 枚目の位置に挿入されるとともに、スライドサムネイルにセクションが表示されることを確認する

④目次スライドのタイトルプレースホルダーに「本日の発表（目次)」と入力する

⑤［スライドショー］タブ―［スライドショーの開始］グループの（最初から）をクリックし、スライドショーを実行する

⑥目次スライドで、「九州地方」のサムネイルをクリックし、九州地方セクションに移動しスライドショーを進める

⑦セクションが終わると、目次スライドに戻る。ほかのセクションでも同様の操作を試してみる

⑧「日本を旅しよう（西）目次付き」というファイル名で［名前を付けて保存］する

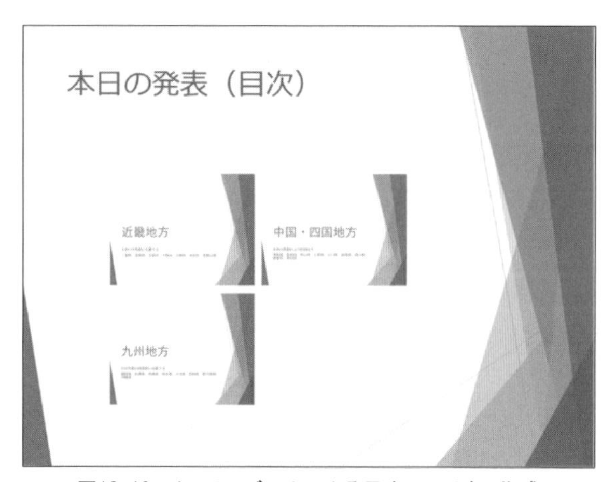

図12. 19　サマリーズームによる目次スライドの作成

練習問題 12

(1) 練習問題 11 (1)「日本を旅しよう」を開き、Lesson 12 の内容と例題の手順をもとに、プレゼンテーションを完成させなさい。

・2 枚目にサマリーズームを使った目次スライドを挿入して、スライドタイトルを「発表内容」とする。ノートに「「地方」に関する法律上の定義はないが、本稿では初等教育や各種辞典に採用される「7 地方区分」に従う」と入力する

・例題で作成したものとは異なるものでもよいので、テーマ・画面切り替え・図形・SmartArt・アニメーションなどを設定・追加する

＊適宜画像（ライセンスに注意）を挿入しても良い

(2) 練習問題 11 (2)「知的財産権」を開き、以下の指示にしたがって 181 ページ例文 38 のように編集しなさい。

①表紙スライドの後に、新しいスライド（レイアウト［白紙］）を追加する

②①の白紙スライドに SmartArt から （複数レベル対応の横方向階層）を挿入して、例文 39 のようにテキストを入力する（図形の追加が必要）。書式はサンプルに見た目を合わせる

③テーマを［ファセット］にして、バリエーションの配色を［温かみのある青］に変更する

④3〜7 枚目スライドのコンテンツプレースホルダー本文にアニメーション効果［フェード］を適用する

⑤2 枚目スライドで、SmartArt の大きさと場所を整える

⑥3 枚目以降のスライドで、コンテンツプレースホルダーのフォントサイズを 20 ポイントに統一する

(3) 練習問題 11 (3)「私のお気に入り」を開き、以下のように編集して完成させなさい。

・テーマ、画面切り替えを適用する

・各コンテンツにアニメーションを設定する

・図形や SmartArt を挿入する

・オンライン画像、ストック画像を挿入する（ライセンスに注意）

・配布資料を設定する。1 ページ 6 枚のレイアウトで、ヘッダーに学生番号と氏名、ページ番号を表示する

Lesson 13　応用問題

Word 応用問題

(1)「大学出身のミュージシャンが、大学祭で凱旋演奏会をおこなう」という設定で案内のチラシを作りましょう。A4 用紙 1 ページとします。必要な情報が伝わりやすく、観覧意欲を高めるデザインを考えてください。ワードアート・画像・図形・ページ罫線などをうまく利用しましょう。曲目リストでは段組みを利用するのもよいでしょう。

必須項目：ミュージシャン紹介文・曲目・日時と場所・有料／無料の情報・会場がわかるキャンパス内略図

(2) あなたが興味をもった Web 上の記事を引用して、それに対するコメントを書いてください。Web にはさまざまなニュースサイトがありますが、転載やまとめサイトではなく、元のサイトから引用しましょう。表題やレイアウトは自由ですが、テーマ（話題・問題）の紹介 → 引用 → コメントという構成で作成してください。賛否両論の引用をふまえて、あなた自身の結論を添えるといった構成もよいでしょう。引用した記事については左インデントを 2 文字分設定し、脚注として引用元情報と閲覧日を明記しましょう。

Excel 応用問題

(1) 次の気温と降水量のデータを用いて、月別変化や地域別の特徴がわかりやすいグラフを作成してください。データを組み合わせて、新しい表を作ったり、平均気温のように数式を用いて新しい指標を作成したりしてもかまいません。複数のグラフを作るのもよいでしょう。グラフの特徴にあわせて適切なグラフタイトルも選んでください。

出典：気象庁（https://www.jma.go.jp/）の「各種・データ資料」

2023年の月別値：最高気温の平均（°C）・最低気温の平均（°C）・降水量の合計（mm）

日本：東京

	1月	2月	3月	4月	5月	6月	7月	8月	9月	10月	11月	12月
最高気温	10.2	12.1	17.9	21.7	24	27.6	33.9	34.3	31.2	23.7	19.2	14.3
最低気温	1.8	3	8.6	11.9	14.6	19.6	24.7	26.1	23.6	14.7	10.3	5.2
降水量	16	41	145	90	159	347	30	133	229	147	42	20

フランス：パリ

	1月	2月	3月	4月	5月	6月	7月	8月	9月	10月	11月	12月
最高気温	8.2	10.4	13	15	20.2	27.8	26.5	25.3	26.6	19.8	12.2	9.8
最低気温	3.9	2.9	5.8	6.4	10.4	15.5	15.6	15.8	15.4	10.7	6.7	5.5
降水量	45	2	53	73	61	34	69	66	30	90	86	67

アメリカ：ロサンゼルス

	1月	2月	3月	4月	5月	6月	7月	8月	9月	10月	11月	12月
最高気温	16.8	17.5	16.2	18.6	18.9	20.5	23.7	24.5	24.1	23.9	23.3	20.5
最低気温	8.8	8	9.8	11.5	13.6	15	17.1	18.2	17.8	15.1	12.2	11.5
降水量	169	116	189	2	7	0	0	65	1	0	3	91

(2) あなたが興味をもっている分野についてデータを集め、Excel で表やグラフを作成し、考察してください。たとえば簡単なアンケート調査でもかまいません。その結果、どのようなことが読み取れるかを Word 文書でレポートにしてください。
Web や書籍から引用する場合は、引用元を明記しましょう。各自で測定したデータは、測定方法を記述し、ほかの人が実際に同じようにデータを集められるように配慮しましょう。

PowerPoint 応用問題

「大学生のライフスタイル」というテーマで調査をおこない、その概要をパワーポイントのスライドを使って発表したいと考えています。以下の情報をもとに、目的・方法・結果・考察を見やすくスライドにまとめましょう。必要なら表の挿入も使ってください。Excel で表やグラフを作っておくのもよいでしょう。スライドの書式・レイアウトや枚数は自由です。（注：データはすべて架空のものです）

I. 目的

大学生活やサークル・部活動の状況、アルバイトの状況などを調べ、大学生のライフスタイルを明らかにする。

II. 方法

調査対象：全国の大学 2 年生

調査期間：2024 年 10 月 1 日～2024 年 12 月 20 日

調査方法：ダイレクトメールおよび Web によるアンケート

有効回答数：3,623 名（内訳：男子 1,574 名、女子 2,049 名）

調査項目：

A）大学生活について：授業に平均してどの程度出席していますか。

B）サークルや部活動について：サークルや部活動に所属していますか。

C）アルバイトについて：定期的なアルバイトをしていますか。

III. 結果

A）大学生活について：授業に平均してどの程度出席していますか。

	男子	女子	全体
よく出席している	64.5%	74.1%	69.9%
やや出席している	29.6%	21.9%	25.2%
あまり出席していない	5.0%	3.5%	4.2%
まったく出席していない	0.9%	0.6%	0.7%
回答数	1,574	2,049	3,623

B）サークルや部活動について：サークルや部活動に所属していますか。

	男子	女子	全体
はい	62.4%	58.2%	60.0%
いいえ	37.6%	41.8%	40.0%
回答数	1,574	2,049	3,623

C）アルバイトについて：定期的なアルバイトをしていますか。

	男子	女子	全体
はい	63.4%	71.4%	67.9%
いいえ	36.6%	28.6%	32.1%
回答数	1,574	2,049	3,623

IV. 考察

結果をもとに自分で考えて、PowerPoint のプレゼンテーションにまとめる。実際に授業で発表するとしたらどうするかを意識して、わかりやすく印象的なスライドを作りましょう。

付録

例文 1　練習問題 1（1）「入力練習 1」

英数字は半角、記号類は全角。（352 文字）

> 「色は匂へど散りぬるを」で始まるいろは歌がある。日本語の音を表す「いろはにほへと…」の仮名を覚える歌としても知られたものだ。47 の字母が一度ずつすべて使われていて、なおかつ意味のある文章になっているという点で、とても工夫されたものだと言える。調べてみると、このように「すべての文字を使った短い文章」のことをパングラムというらしい。なかでもいろは歌は、すべての文字が重複なく使われているので、完全パングラムと呼ばれている。コンピュータの世界では、英文フォントのサンプルとして目にする“The quick brown fox jumps over the lazy dog.”という文章が、英語のパングラムであった。パングラムは他の言語でも存在しているので、興味のある言語についていくつか調べてみようと思う。

例文 2　練習問題 1（1）「入力練習 2」

英数字は半角、記号類は全角。（414 文字）

> 記号の中には、読み方がわかれば漢字変換で入力できるものも多い。たとえば「せくしょん」という読みで変換すると§が入力できる。同様に「おんぷ」は♪に、「ゆうびん」は〒に、「みぎ」は→に変換される。「かお」を変換すると、(^^)/のような顔文字を簡単に入力できる。「かっこ」の変換では『』・“”・《》のように、括弧がペアで変換されるので効率的である。読みがわからない時のために、「きごう」という読みで、数多くの記号類に変換できることも覚えておきたい。また、OS やハードウェアの環境にもよるが、「あめ」で☂、「くるま」で🚗など絵文字に変換できることも多い。さらに Word では、オートコレクトと呼ばれる機能が働いている。たとえば半角英数で「コロン」と「ハイフン」と「終わり丸括弧」を連続で入力すると😊に“修正”される。「コロン」を「セミコロン」にしたり、「終わり丸括弧」を「始め丸括弧」にしたりすると、絵文字の表情が少し変わるのが面白い。

例文 3　練習問題 1（2）「探訪記」

英数字、URL の先頭部分は半角。括弧、＃は全角。用紙やフォントなどの書式は変更しない。学生番号と氏名のあとに、自分の学生番号と氏名を入力しておく。

> 学生番号＃＃＃＃＃
> 氏　　名＃＃＃＃
>
> 最寄り駅からの順路
> 　上ケ原学院発祥の地「森田原」は、京阪神急行の灘西駅から西へ、あるいは JR 大神線田原駅から北へそれぞれ徒歩 10 分程度の距離に立地している。私は田原駅から森田原へ向かった。緩やかな坂を北に進むと市立動物公園の入口辺りに突き当たり、そこから西に向かうと右手に教会らしき建物が見えた。
>
> 西宮文学館
> 　赤レンガのこの建物こそ、森田原キャンパスの一角を占めていたブラウン記念礼拝堂である。この建物は、上ケ原学院のキャンパスが上原町に移った後、西宮市によって修復・復元され、現在は文学館として利用されている。
> 　西宮文学館に入ると右手に当時チャペルとして利用されていた部屋があった。室内は凛とした空気に包まれていた。室内には文学館らしく、西宮にゆかりのある作家の本や自筆の原稿などが陳列されていた。
>
> 森田原キャンパス

　森田原とは、田原王子社（現、田原神社）の神域の松林を指している。この神社を取り囲むように校舎や寄宿舎が建てられた。下記の年表はそれぞれの建物が整備・拡充された様子をまとめたものである。
　同窓生の回想から「赤煉瓦の建物が緑の芝生とすばらしい対照を見せ、…」とあり、上原キャンパスの中央芝生のような風景が、森田原キャンパスにも広がっていたと想像される。また、森田原キャンパスには2つのグラウンドがあったが、中等部校舎（元の普通学部）の東側のグラウンド跡地は現在、西宮市立動物公園として利用されている。

参考文献・サイト（サイト閲覧時期は2024年10月）
上ヶ原学院大学学院資料室編（2022）.『新版上ヶ原学院史』, 上ヶ原学院大学出版会
学校法人上ケ原学院について.「森田原キャンパス」. https://＃＃＃
上ケ原学院事典.「森田原の建物群」. https://＃＃＃
上ケ原学院同窓会.「森田原の校舎」. https://＃＃＃

例文4　練習問題1（3）「調査報告準備」

右端の折り返しはサンプル通りでなくてよい。英数字は半角、記号類は全角。用紙やフォントなどの書式は変更しない。番号と氏名のあとに、自分の学生番号と氏名を入力しておく。

学内遺跡に関する認知度調査
番号：○○
氏名：●●

はじめに
　上ケ原学院大学は西宮上原台地に隣接し、敷地内には上原2号墳・3号墳が存在する。今回、地域史の授業で上原遺跡群を扱うにあたり、これらの古墳が本学所属の学生にどれくらい知られているかを調査した。

調査について
　6月3日～7日の午後0時から1時まで、本学正門において、登下校中の学生を対象にアンケートを実施した。「知っている」と答えた学生には、実際に見学したことがあるかどうかも回答してもらった。集計は新入生と2年生以上の上級生にわけておこなった。

調査結果
　5日間でのべ125人から回答を得た。

調査を終えて
　キャンパス内の日本庭園に近い3号墳は、複数の学部や講義棟への経路にも近く、案内板が目に入りやすいことから、認知度が高かった。敷地内最北端の2号墳については、5号館の裏側にあるため人目に付きにくく、かなり認知度が低かった。
　事前の予想通り1年生は認知度が低かったが、両遺跡とも一定の認知度があった。理由について回答者からは、「キャンパス案内に記載されていた」「入学ガイダンスで紹介された」との指摘があった。

参考資料
　西宮市埋蔵文化財調査研究センター編（2020）『西宮市遺跡総覧』西宮書房
　上ヶ原学院大学学院資料室編（2022）『新版上ヶ原学院史』上ヶ原学院大学出版会

例文５　練習問題２（1）「調査報告」表の編集

	1年生		2年生以上	
	知っている	知らない	知っている	知らない
上原２号墳	12（2）人	36人	14（7）人	63人
上原３号墳	18（4）人	30人	46（21）人	31人

（括弧内は見学したことのある人数）

例文６　「調査報告」完成イメージ（練習問題２（1）終了時）

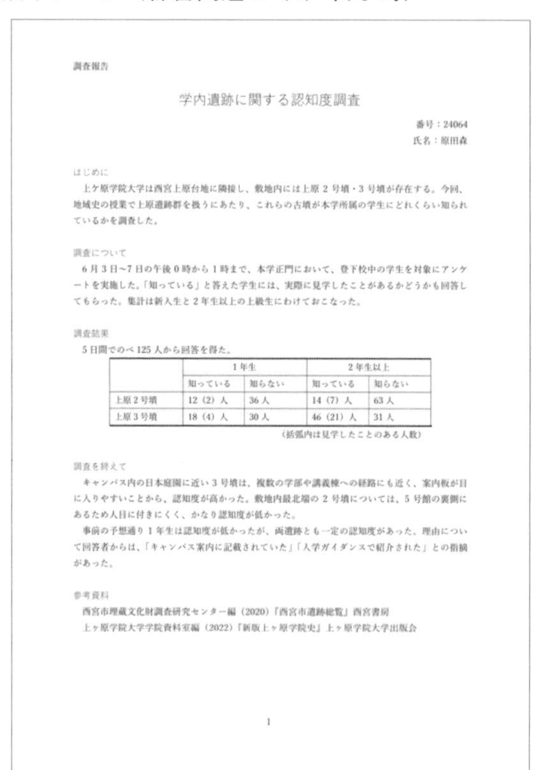

調査報告

学内遺跡に関する認知度調査

番号：24064
氏名：原田森

はじめに

上ケ原学院大学は西宮上原台地に隣接し、敷地内には上原２号墳・３号墳が存在する。今回、地域史の授業で上原遺跡群を扱うにあたり、これらの古墳が本学所属の学生にどれくらい知られているかを調査した。

調査について

６月３日〜７日の午後０時から１時まで、本学正門において、登下校中の学生を対象にアンケートを実施した。「知っている」と答えた学生には、実際に見学したことがあるかどうかも回答してもらった。集計は新入生と２年生以上の上級生にわけておこなった。

調査結果

５日間でのべ125人から回答を得た。

	1年生		2年生以上	
	知っている	知らない	知っている	知らない
上原２号墳	12（2）人	36人	14（7）人	63人
上原３号墳	18（4）人	30人	46（21）人	31人

（括弧内は見学したことのある人数）

調査を終えて

キャンパス内の日本庭園に近い３号墳は、複数の学部や講義棟への経路にも近く、案内板が目に入りやすいことから、認知度が高かった。敷地内最北端の２号墳については、５号館の裏側にあるため人目に付きにくく、かなり認知度が低かった。

事前の予想通り１年生は認知度が低かったが、両遺跡とも一定の認知度があった。理由について回答者からは、「キャンパス案内に記載されていた」「入学ガイダンスで紹介された」との指摘があった。

参考資料

西宮市埋蔵文化財調査研究センター編（2020）『西宮市遺跡総覧』西宮書房
上ヶ原学院大学学院資料室編（2022）『新版上ヶ原学院史』上ヶ原学院大学出版会

1

例文７　練習問題２（2）「探訪記」表の挿入

27行目に次の表を挿入する。表内のフォントサイズは10ポイント。入力後は文字列の幅に自動調整する。

1889年	第一校舎兼寄宿舎、および木造平屋建て別館
1890年	第二校舎
1894年	本館（1908年に3階建てに改装、やがて旧館とされる）
1904年	ブラウン記念礼拝堂
1912年	神学部
1913年	普通学部
1916年	学生寮
1918年	ハリス館
1919年	修学寮、普通学部再建
1922年	本講堂、高等部、文学部
1923年	商学部

例文8　「探訪記」完成イメージ（練習問題2（2）終了時）

余白は上下左右すべて25mmに変更。各見出しのフォントスタイルを太字・下線に設定する。

学生番号＃＃＃＃＃
氏　　名＃＃＃＃

最寄り駅からの順路

上ケ原学院発祥の地「森田原」は、京阪神急行の灘西駅から西へ、あるいはJR大神線田原駅から北へそれぞれ徒歩10分程度の距離に立地している。私は田原駅から森田原へ向かった。緩やかな坂を北に進むと市立動物公園の入口辺りに突き当たり、そこから西に向かうと右手に教会らしき建物が見えた。

西宮文学館

赤レンガのこの建物こそ、森田原キャンパスの一角を占めていたブラウン記念礼拝堂である。この建物は、上ケ原学院のキャンパスが上原町に移った後、西宮市によって修復・復元され、現在は文学館として利用されている。

西宮文学館に入ると右手に当時チャペルとして利用されていた部屋があった。室内は凛とした空気に包まれていた。室内には文学館らしく、西宮にゆかりのある作家の本や自筆の原稿などが陳列されていた。

森田原キャンパス

森田原とは，田原王子社（現、田原神社）の神域の松林を指している。この神社を取り囲むように校舎や寄宿舎が建てられた。下記の年表はそれぞれの建物が整備・拡充された様子をまとめたものである。

同窓生の回想から「赤煉瓦の建物が緑の芝生とすばらしい対照を見せ、…」とあり、上原キャンパスの中央芝生のような風景が、森田原キャンパスにも広がっていたと想像される。また、森田原キャンパスには2つのグラウンドがあったが、中等部校舎（元の普通学部）の東側のグラウンド跡地は現在、西宮市立動物公園として利用されている。

1889年	第一校舎兼寄宿舎、および木造平屋建て別館
1890年	第二校舎
1894年	本館（1908年に3階建てに改装、やがて旧館とされる）
1904年	ブラウン記念礼拝堂
1912年	神学部
1913年	普通学部
1916年	学生寮
1918年	ハリス館
1919年	修学寮、普通学部再建
1922年	本講堂、高等部、文学部
1923年	商学部

参考文献・サイト（サイト閲覧時期は2024年10月）

上ヶ原学院大学学院資料室編（2022）.『新版上ヶ原学院史』. 上ヶ原学院大学出版会
学校法人上ケ原学院について.「森田原キャンパス」. https://＃＃＃
上ケ原学院事典.「森田原の建物群」. https://＃＃＃
上ケ原学院同窓会.「森田原の校舎」. https://＃＃＃

例文 9　練習問題 2（3）「添付と共有準備」

右端の折り返しはサンプル通りでなくてよい。英数字は半角、記号類は全角。用紙やフォントなどの書式は変更しない。

添付と共有について
○○番○○

　Microsoft 365 では、ファイルの保存先としてクラウド上すなわち OneDrive が指定できることがある。従来はメールへの添付が多かった課題提出も、ファイル本体は OneDrive に保存して、その情報をメール送信するという方法が選べることになった。そこで、今回は双方の特徴をまとめてみた。

添付ファイル
・ファイル本体が直接相手に届く
・送信後は、相手が受信したファイルにアクセスできない
・ファイルサイズによっては、メールが送信できないことがある
OneDrive（クラウド）
・相手には OneDrive への共有リンクが届く
・送信者と受信者（複数可）が同一ファイルを共有する
・大容量のファイルも扱える
・受信者も Microsoft アカウントが必要になる

　ファイルを「提出してしまう」のか、OneDrive に登録して「共有する」のか、目的に応じた使い分けが必要になるだろう。

例文 10　練習問題 3（1）「添付と共有」図形の追加

テキストボックスの書式は Lesson 3 例題と同じ

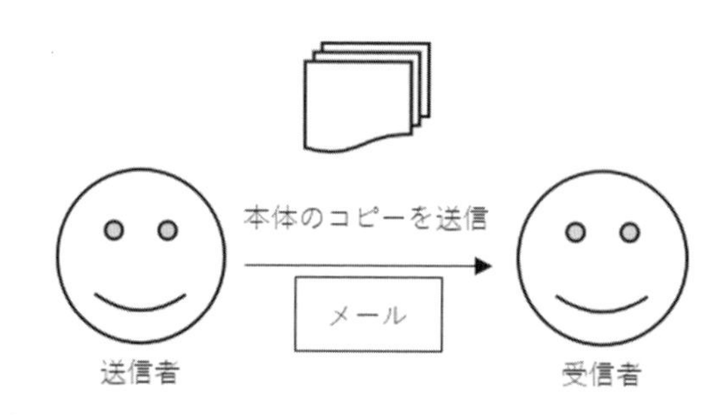

例文 11　「添付と共有」完成イメージ（練習問題 3（1）終了時）

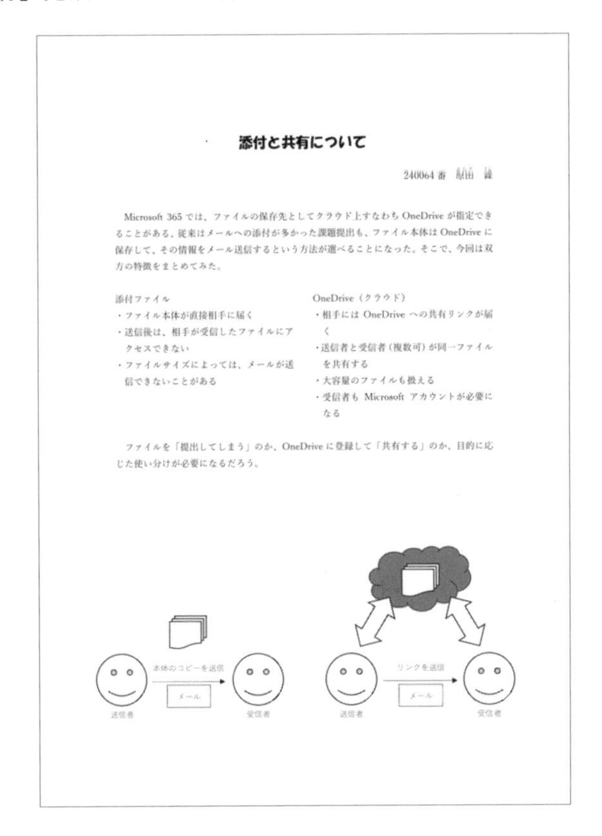

添付と共有について

240064 番

Microsoft 365 では、ファイルの保存先としてクラウド上すなわち OneDrive が指定できることがある。従来はメールへの添付が多かった課題提出も、ファイル本体は OneDrive に保存して、その情報をメール送信するという方法が選べることになった。そこで、今回は双方の特徴をまとめてみた。

添付ファイル
- ・ファイル本体が直接相手に届く
- ・送信後は、相手が受信したファイルにアクセスできない
- ・ファイルサイズによっては、メールが送信できないことがある

OneDrive（クラウド）
- ・相手には OneDrive への共有リンクが届く
- ・送信者と受信者（複数可）が同一ファイルを共有する
- ・大容量のファイルも扱える
- ・受信者も Microsoft アカウントが必要になる

ファイルを「提出してしまう」のか、OneDrive に登録して「共有する」のか、目的に応じた使い分けが必要になるだろう。

例文 12　練習問題 3（2）「探訪記」地図の挿入

本文 8 行目「…建物が見えた。」と 11 行目「西宮文学館」の間の空白行を 10 行分にして、以下の図形を挿入する。全体を 60mm 四方程度にまとめてグループ化する。テキストボックスのフォントは游ゴシック Light・7 ポイント。例文の地図と正確に同じものでなくてもかまわない。

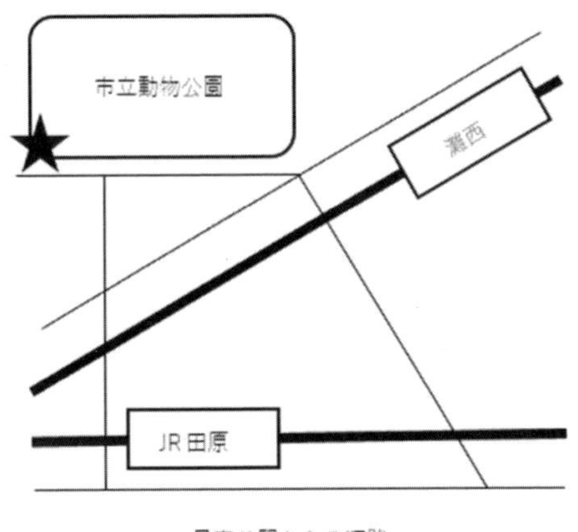

最寄り駅からの順路

例文 13　「探訪記」完成イメージ（練習問題 3（2）終了時）

用紙サイズを A3、印刷の向きを横に変更。4 行目「最寄り駅からの…」以降を 2 段組にして、「森田原キャンパス」から段区切りを使って右に送る。

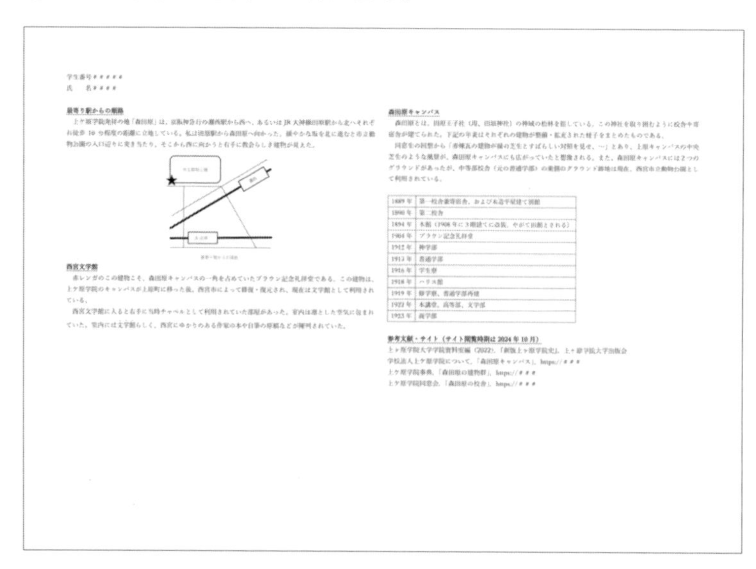

学生番号＃＃＃＃＃
氏　　名＃＃＃＃

最寄り駅からの順路

上ケ原学院発祥の地「森田原」は、阪急神戸線の灘西駅から西へ、あるいはJR大神線田原駅から北へそれぞれ徒歩 10 分程度の距離に立地している。私は田原駅から森田原へ向かった。緩やかな坂を北に進むと市立動物公園の入口辺りに突き当たり、そこから西に向かうと右手に教会らしき建物が見えた。

西宮文学館

赤レンガのこの建物こそ、森田原キャンパスの一角を占めていたブラウン記念礼拝堂である。この建物は、上ケ原学院のキャンパスが上原町に移った後、西宮市によって修復・復元され、現在は文学館として利用されている。

西宮文学館に入ると右手に当時チャペルとして利用されていた部屋があった。室内は凛とした空気に包まれていた。室内には文学館らしく、西宮にゆかりのある作家の本や自筆の原稿などが陳列されていた。

森田原キャンパス

森田原とは、田原王子社（現、田原神社）の神域の松林を指している。この神社を取り囲むように校舎や寄宿舎が建てられた。下記の年表はそれぞれの建物が整備・拡充された様子をまとめたものである。

同窓生の回想から「赤煉瓦の建物が緑の芝生とすばらしい対照を見せ、…」とあり、上原キャンパスの中央芝生のような風景が、森田原キャンパスにも広がっていたと想像される。また、森田原キャンパスには 2 つのグラウンドがあったが、中等部校舎（元の普通学部）の東側のグラウンド跡地は現在、西宮市立動物公園として利用されている。

1889 年	第一校舎兼寄宿舎、および木造平屋建て別館
1890 年	第二校舎
1894 年	本館（1906 年に 3 階建てに改装、やがて旧館とされる）
1904 年	ブラウン記念礼拝堂
1912 年	神学部
1913 年	普通学部
1916 年	学生寮
1918 年	ハリス館
1919 年	神学部、普通学部再建
1922 年	本講堂、高等部、文学部
1923 年	商学部

参考文献・サイト（サイト閲覧時期は 2024 年 10 月）

上ケ原学院大学学院資料室編（2022）、『新版上ケ原学院史』、上ケ原学院大学出版会
学校法人上ケ原学院について、「森田原キャンパス」、https://＃＃＃
上ケ原学院事典、「森田原の建物群」、https://＃＃＃
上ケ原学院同窓会、「森田原の校舎」、https://＃＃＃

例文 14　練習問題 3（3）「企画会議準備」

用紙サイズは A4、余白は上下左右すべて 25mm に設定。右端の折り返しは下のサンプル通りでなくてよい。英数字は半角、記号類は全角。表題のフォントは游ゴシック Light・14 ポイント。パーティ名は自由に変更可。「日時」以下の 6 行は空白で位置を調節。

2024 年 2 月 29 日
担当者各位
ウェルカムパーティコーディネーター
関西花子（国際学部 2 年）

企画会議のお知らせ

　春のウェルカムパーティ「Verda Festo 2024」開催にむけて、ご協力をいただきありがとうございます。各企画についての参加希望者が出そろいましたので、下記の通り企画調整会議を開催いたします。万障お繰り合わせの上ご出席いただきますようお願い申し上げます。

記
　　　　日時　3 月 23 日（土）　13 時
　　　　場所　新学生会館集会室
　　　　会議事項　イベントタイムテーブルの確認
　　　　　　　　　各ブース担当者の割り当て
　　　　　　　　　物販企画の紹介
以上

＊宣伝用のチラシ案を添付しますのでご検討ください。

ページ下部に図を挿入する。テキストボックスは「会場はこちら…」だけが HG 創英角ポップ体・16 ポイント。残りはすべて游ゴシック Light・10.5 ポイント。図形のサイズはサンプルのバランスにあわせる。(参考値 :「上ヶ原学院大学…」のテキストボックスが 30mm×48mm)。すべての図形をグループ化する。

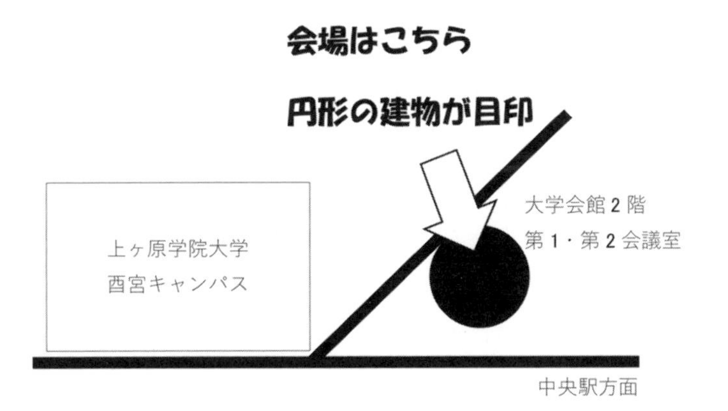

例文 15　練習問題 4（1）「企画会議」ワードアートの追加

追加するワードアートの内容は、各国語で「こんにちは」「ようこそ」などの挨拶。2 つ以上を、バランスよく配置する。(スタイルは自由)

例文 16　「企画会議」完成イメージ（練習問題 4（1）終了時）

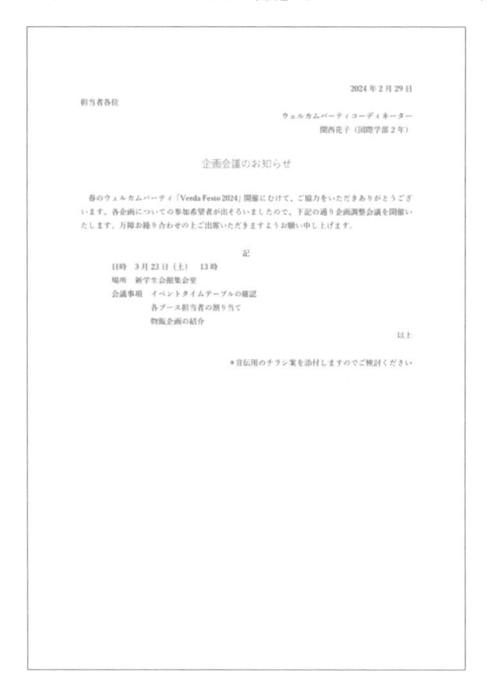

2024 年 2 月 29 日

担当者各位

ウェルカムパーティコーディネーター
関西花子（国際学部 2 年）

企画会議のお知らせ

春のウェルカムパーティ「Verda Festo 2024」開催にむけて、ご協力をいただきありがとうございます。各企画についての参加希望者が出そろいましたので、下記の通り企画調整会議を開催いたします。万障お繰り合わせの上ご出席いただきますようお願い申し上げます。

記

日時　3 月 23 日（土）　13 時
場所　新学生会館集会室
会議事項　イベントタイムテーブルの確認
　　　　　各ブース担当者の割り当て
　　　　　物販企画の紹介

以上

＊宣伝用のチラシ案を添付しますのでご検討ください

例文 17　練習問題 4（2）「探訪記」ワードアートと画像の追加

文頭に空白行を 3 行分作って、任意のデザインのワードアートを挿入する。文章は「上ケ原学院発祥の地「森田原」を訪ねて」として、3 行分で収まる程度のサイズに調整する。

画像（サンプルはストック画像「礼拝堂」を使用）は、トリミングやサイズ変更を利用して、表の右側に収まる程度に調整する。テキストボックスを挿入して適切なキャプションを付ける。

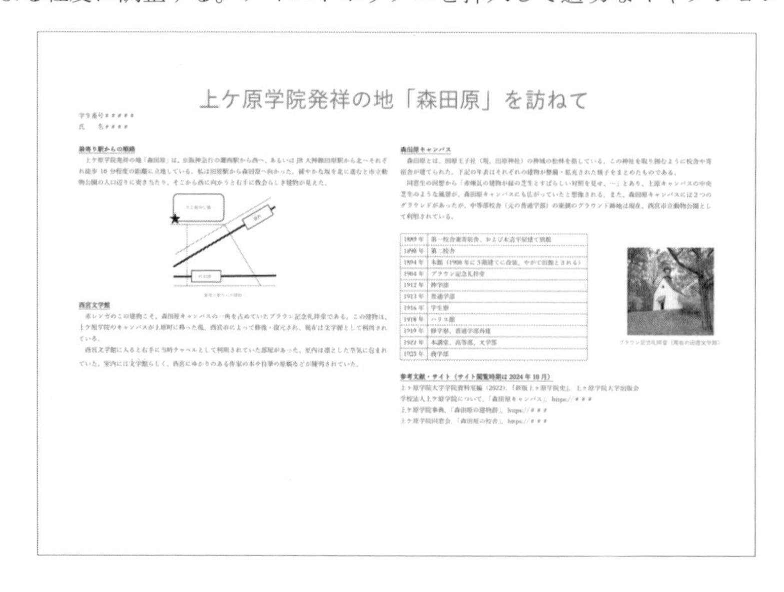

上ケ原学院発祥の地「森田原」を訪ねて

学生番号＊＊＊＊＊
氏　名＊＊＊＊

最寄り駅からの順路

西宮文学館

森田原キャンパス

1889 年	第一校舎兼寄宿舎、および木造平屋建て別館
1890 年	第二校舎
1894 年	本館（1908 年に 3 階建てに改築、やがて旧館とされる）
1904 年	ブラウン記念礼拝堂
1912 年	神学部
1913 年	普通学部
1916 年	学生寮
1918 年	ハリス館
1919 年	修学寮、普通学部再建
1922 年	本講堂、高等部、文学部
1923 年	商学部

参考文献・サイト（サイト閲覧時期は 2024 年 10 月）
上ヶ原学院大学学院資料室編（2022）.『新版上ヶ原学院史』. 上ヶ原学院大学出版会
学校法人上ケ原学院について.「森田原キャンパス」. https://＊＊＊
上ケ原学院事典.「森田原の建物群」. https://＊＊＊
上ケ原学院同窓会.「森田原の校舎」. https://＊＊＊

例文 18　練習問題 4（3）「プロフィール」

用紙サイズは A5、印刷の向きは横、その他の書式は任意に設定する。項目の変更も可。

ふりがな
氏名：

出身：

所属学科：

興味のある分野：

・犬と猫、飼うとしたら→

・人生最高の映画といえば→

・つい時間を使ってしまうことは→

・一度は暮らしてみたい街は→

・在学中に成し遂げたい目標は→

最近のお気に入り写真

例文 19　練習問題 5（1）「レポート作成心得」アウトラインレベル 3 の本文

アウトラインレベル 3 の本文の追加なので、文章のほかの部分と書式をあわせて「左インデント 1 文字」を設定すること。

a）新しい文献から集める

当該のトピックについての新しい文献から目を通すことが重要である。一般に、論文や単行本には参考文献が記されていることが多い。このなかから関係のありそうな文献が見つかることが多い。したがって文献はなるべく出版年の新しいものから目を通すことが大切である。

b）ネット上のドキュメント

ネット上には有益なドキュメントが多数公開されている。場合によっては、論文や単行本の本文そのものも入手可能な場合がある。

しかし、ネット上のドキュメントには著者や出典が書かれていない場合も多く、記されている内容の質は玉石混淆である。このため、ネット上のドキュメントを用いる場合には、この点に関して十分に注意をする必要がある。

a）1 回読んでわかる文章

文章を通読して、1 回でわかる文章を書くことを心がけることが大切である。このためには、自分の書いた文章を黙読して確かめることが非常に役に立つ。

b）主語と述語の対応

たとえば次のような文章を考えてみよう。「私は・・・この説は誤っている。」この文章は「私」を主語として始めながら、それとは意味的に対応しない「誤っている」で終わっている。このような例は実際のレポートに数多く見られるが、これでは「私」が誤っているのか、「この説」が誤っているのか曖昧である。文章を書く際には、主語（主部）と述語（述部）が正確に対応していることが必須である。

c）段落の使い方

ひとつの意味のかたまりを表すのには段落を用いる。適切に段落を用いることによって、レポートを書く際にも論述の筋道を立てやすくなる。また読む側にとっても、文章の論理的な流れがわかりやすくなる。

d）接続詞を使う

段落の冒頭や、複数の文章をつなぐ際に接続詞を用いるのも、文章に論理的な流れを作る上で大切である。

ここで言う接続詞とは「しかし」や「したがって」という語だけでなく、「以上述べた諸点より」といったものも含む。レポートに限ったことではないが、ほとんどどんな文章にも論理の流れがあり、その流れによって読者に意味を伝えている。文芸作品ではない、特にレポートのような事実や考え方を効率的に伝える文章では、文と文、段落と段落のあいだに接続詞をいれることによって、全体の流れが見えやすくなる。

例文 20　「レポート作成心得」完成イメージ（練習問題 5（1）終了時）

レポート作成心得

レポートの作成

大学生活が始まると、講義や実習などでレポートを書く機会が増える。またそれらの集大成として卒業論文を作成することになる。この小文ではレポートを作成する際に気をつけておくべきことを、レポート作成[1]の順序に従って示す。

1. 参考文献の収集

1）参考文献

レポートを作成する際に最初に行う作業が、参考となる文献を集める作業である。参考文献は必ずしも本や論文だけではなく、雑誌や新聞の記事、講義の内容、ネット上のドキュメントなど様々な資料がある。また場合によっては、文献だけでなく実験や調査を行った結果なども含まれることがある。

2）文献の集め方

論文や単行本、新聞や雑誌の記事を参考にする際には、図書館などのデータベースを使うことができる。その際には、文献や論文のタイトルがわかっていれば、必要な文献がどこにあるかを的確に知ることができるが、そのトピックのキーワードがわかっていれば、さらに広い範囲の文献を集めることができる。

データベースを用いることには利点が多いが、実際に図書館に行ってそのトピックの単行本を眺めてみるのも有益な方法である。こうすると、データベースの検索でもれていた文献なども手に入ることが意外に多い。

a）新しい文献から集める

当該のトピックについての新しい文献から目を通すことが重要である。一般に、論文や単行本には参考文献が記されていることが多い。このなかから関係のありそうな文献が見つかることが多い。したがって文献はなるべく出版年の新しいものから目を通すことが大切である。

b）ネット上のドキュメント

ネット上には有益なドキュメントが多数公開されている。場合によっては、論文や単行

[1] ここで記されていることはレポートのみではなく、卒業論文を執筆する際にも多く当てはまることである。

1

レポート作成心得

本の本文そのものも入手可能な場合がある。

しかし、ネット上のドキュメントには著者や出典が書かれていない場合も多く、記されている内容の質は玉石混淆である。このため、ネット上のドキュメントを用いる場合には、この点に関して十分に注意をする必要がある。

3）文献のコピー

文献をコピーする際には、本文だけでなく、その文献の 2 次情報、すなわち書名や著者、出版年、出版社など、も控えておくことが大切である。レポートを書く際には、末尾に参考文献を載せることが求められることが多い[2]。そのために参考文献の 2 次情報が手元にあることが大切になる。

2. タイトルの決め方

1）あらかじめタイトルが決められている場合

あらかじめタイトルが決められている場合には、当然そのタイトルでレポートを書くことになる。指定のタイトルがある場合のレポートの内容は、そのタイトルに沿ったものでなくてはならない。内容を書き始める際にはレポートの長さの制限にそって、何を書き、何を省くべきかを決めておかなくてはならない。

2）あらかじめタイトルが決められていない場合

タイトルは、レポートで記す内容を簡潔に表したものでなくてはならないが、できるだけ具体的なタイトルをつけることが望ましい。

たとえば「感情について」では問題が非常に広すぎるので、「感情が動因として果たす役割」などのように、問題を絞って決めることが重要である。このためには「感情が動因として果たす役割について―大学生の友人関係の場合―」などのように副題をつけて、問題をもっと具体的にする方法もある。

3. レポートの構成

レポートは、参考文献を切り貼りして作るものではなく、参考文献から得られた情報を整理し自分の考えを述べるものである。この点は大学でのレポート執筆にとって非常に重要な点であるので、レポート執筆の際には是非とも注意をするべき点である。

[2] 参考文献の書式は専門分野ごとに明確に決められている場合が多いが、いずれの場合も挙げられた文献にアクセスできるような情報を載せることが必須になっている。

2

レポート作成心得

1）あらかじめ構成が決められている場合

実験や調査のレポートでは、序論、方法、結果、論議のように構成が決められていることが多い。この場合にはそれぞれのセクションにふさわしい内容を、順番に記していくことになる。

2）自分で構成を考える場合

参考文献で集めた情報を、単に羅列しただけではレポートにならない。この場合には、たとえばそのトピックについての、過去の研究や事実、それに基づいた問題の設定、その問題に対する自分の考えや解答、などのように、自分で構成を考えて記述していくことが重要である。この点は、制限字数が短いレポートの場合にも当てはまる。

この場合に心がけることは、読者に読みやすいような論理の筋道をたてて記述することである。そのためには、この小文で用いているようにレポートを、階層を持った構造として記述することも大いに役に立つ。

4. 文章の作成

1）読みやすい文章

レポートの文章でもっとも大切なことは、読みやすい文章で記述することである。そのために役立ついくつかの点を挙げる。

a）1回読んでわかる文章

文章を通読して、1回でわかる文章を書くことを心がけることが大切である。このためには、自分の書いた文章を熟読して確かめることが非常に役に立つ。

b）主語と述語の対応

たとえば次のような文章を考えてみよう。「私は・・・この説は誤っている。」この文章は「私」を主語として始めながら、それとは意味的に対応しない「誤っている」で終わっている。このような例は実際のレポートに数多く見られるが、これでは「私」が誤っているのか、「この説」が誤っているのか曖昧である。文章を書く際には、主語（主部）と述語（述部）が正確に対応していることが必須である。

c）段落の使い方

ひとつの意味のかたまりを表すのには段落を用いる。適切に段落を用いることによって、レポートを書く際にも論述の筋道を立てやすくなる。また読む側にとっても、文章の論理的な流れがわかりやすくなる。

d）接続詞を使う

段落の冒頭や、複数の文章をつなぐ際に接続詞を用いるのも、文章に論理的な流れを作

3

レポート作成心得

る上で大切である。

ここで言う接続詞とは「しかし」や「したがって」という語だけでなく、「以上述べた諸点より」といったものも含む。レポートに限ったことではないが、ほとんどどんな文章にも論理の流れがあり、その流れによって読者に意味を伝えている。文芸作品ではない、特にレポートのような事実や考え方を効率的に伝える文章では、文と文、段落と段落のあいだに接続詞をいれることによって、全体の流れが見えやすくなる。

5. 引用と剽窃

参考文献やネット上の文章をそのまま、あるいは語尾などを少し変えて、あたかも自分の書いた文章のように見せかけるのは剽窃、すなわち他者の文章からの盗作である。剽窃はどんな短いものであれレポートを書く際に絶対に行ってはならない。

剽窃は

　　他人の詩歌・文章などの文句または説をぬすみ取って、自分のものとして発表すること（広辞苑）

と記されている。

どうしても他者の文章を載せる必要があれば、出典を明記した上で引用すればよい。このためにもレポートの末尾には、参考文献や引用文献を載せることが、多くの場合求められている。

4

例文 21　練習問題 5（2）「探訪記」インデントとスタイルの設定

4 行目（学生番号）・5 行目（氏名）に左インデント 84 文字を設定（タブ機能を使ってもよい）する。各見出しにクイックスタイル「見出し 1」を適用する。

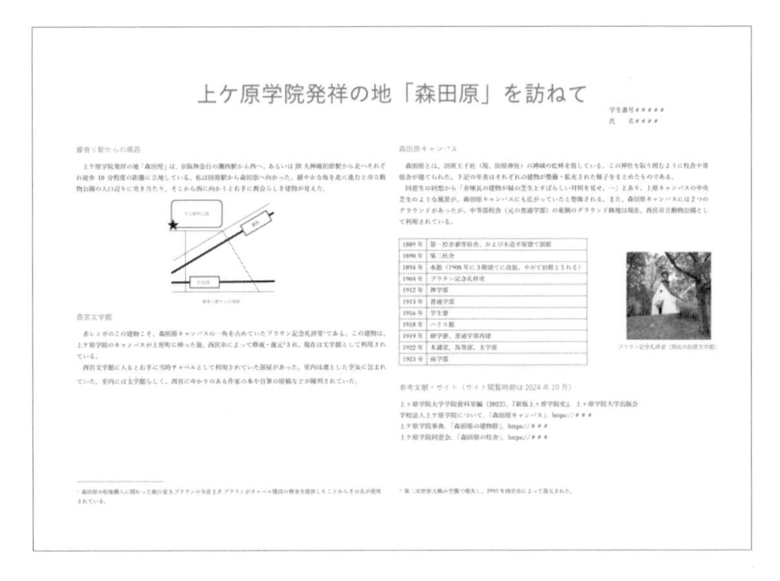

上ケ原学院発祥の地「森田原」を訪ねて

学生番号＊＊＊＊＊
氏　名＊＊＊＊

最寄り駅からの順路

上ケ原学院発祥の地「森田原」は、京阪神急行の灘西駅から西へ、あるいはJR大神線田原駅から北へそれぞれ徒歩10分程度の距離に立地している。私は田原駅から森田原へ向かった。緩やかな坂を北に進むと市立動物公園の入口辺りに突き当たり、そこから西に向かうと右手に教会らしき建物が見えた。

西宮文学館

赤レンガのこの建物こそ、森田原キャンパスの一角を占めていたブラウン記念礼拝堂[1]である。この建物は、上ケ原学院のキャンパスが上原町に移った後、西宮市によって修復・復元[2]され、現在は文学館として利用されている。

西宮文学館に入ると右手に当時チャペルとして利用されていた部屋があった。室内は凛とした空気に包まれていた。室内には文学館らしく、西宮にゆかりのある作家の本や自筆の原稿などが陳列されていた。

森田原キャンパス

森田原とは、田原王子社（現、田原神社）の神域の松林を指している。この神社を取り囲むように校舎や寄宿舎が建てられた。下記の年表はそれぞれの建物が整備・拡充された様子をまとめたものである。

同窓生の回想から「赤煉瓦の建物が緑の芝生とすばらしい対照を見せ、…」とあり、上原キャンパスの中央芝生のような風景が、森田原キャンパスにも広がっていたと想像される。また、森田原キャンパスには2つのグラウンドがあったが、中等部校舎（元の普通学部）の東側のグラウンド跡地は現在、西宮市立動物公園として利用されている。

1889年	第一校舎兼寄宿舎、および木造平屋建て別館
1890年	第二校舎
1894年	本館（1908年に3階建てに改築、やがて旧館とされる）
1904年	ブラウン記念礼拝堂
1912年	神学部
1913年	普通学部
1916年	学生寮
1918年	ハリス館
1919年	神学寮、普通学部再建
1922年	本講堂、高等部、文学部
1923年	商学部

ブラウン記念礼拝堂（現在の西宮文学館）

参考文献・サイト（サイト閲覧時期は2024年10月）

上ケ原学院大学学院資料室編（2022）、『新版上ケ原学院史』、上ケ原学院大学出版会
学校法人上ケ原学院について、「森田原キャンパス」、https://＊＊＊
上ケ原学院事典、「森田原の建物群」、https://＊＊＊
上ケ原学院同窓会、「森田原の校舎」、https://＊＊＊

[1] 森田原の校地購入に関わった銀行家S.ブラウンの息子J.P.ブラウンがチャペル建設の資金を提供したことからその名が使用されている。

[2] 第二次世界大戦の空襲で焼失し、1993年西宮市によって復元された。

例文 22　練習問題 5（3）「企画会議」インデントとタブ挿入

①13〜17 行目について行頭の空白を削除して、「左インデント 4 文字」に変更

②6 行すべてを選択状態にしてから、［レイアウト］タブ―［段落］グループのダイアログボックスを起動して、［タブ設定］をクリック

③［タブ位置］に［10］を入力

④配置［左揃え］、リーダー［なし］を確認して［設定］ボタンをクリック

⑤「日時」「場所」「会議事項」のあとの空白を削除して Tab キーを押す

⑥16・17 行目の行頭で Tab キーを押す

12			記
13	日時	→	3 月 23 日（土）□13 時
14	場所	→	新学生会館集会室
15	会議事項	→	イベントタイムテーブルの確
16		→	各ブース担当者の割り当て
17		→	物販企画の紹介

例文 23　練習問題 7（1）「大切な言葉」表の入力と書式設定

セル A1 の表題は、フォントサイズ 16 ポイント・太字。文字列にあわせて各列幅を最適化する。任意のデータバーを適用。そのほかの書式はサンプルに見た目をあわせる。自分の場合を考えて点数をアレンジしてもよい。

	A	B	C	D
1	私の大切な言葉			
2	項目No.	項目	私（10点満点）	大切比（%）
3	1	真	8	
4	2	善	5	
5	3	愛	4	
6	4	友	7	
7	5	金	3	
8	6	命	10	
9	合計			

例文 24　練習問題 7（2）「達成度」表の入力と書式設定

それぞれの表題は、フォントサイズ 16 ポイント。A 列と G 列の列幅は［14］、残りの列は［8］に設定。B〜D 列は、年ごとに任意のデータバーを適用する。そのほかの書式はサンプルに見た目をあわせる。

データバー選択時に［その他のルール］を選ぶと、右図のように詳細な書式設定ができる（サンプルは最小値を 65 に設定）。

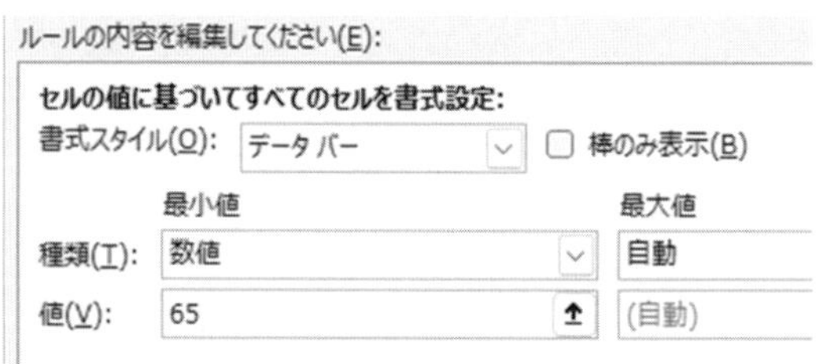

SDGs達成度スコア				
	2016年	2019年	2023年	平均
フランス	77.9	81.5	82.0	
スウェーデン	84.5	85.0	86.0	
ポーランド	69.8	75.9	81.8	
日本	75.0	78.9	79.4	

SDGs達成度順位				
	2016年	2019年	2023年	傾向
フランス	11	4	6	
スウェーデン	1	2	2	
ポーランド	38	29	9	
日本	18	15	21	

例文 25　練習問題 7（3）「BMI 計算表」表の入力と書式設定

列 B のみ、幅を最適化する。そのほかの書式はサンプルに見た目をあわせる。中央揃えやセルの結合、罫線、全角半角に注意して作成すること。

BMI計算表						
身長(cm)	体重(kg)					
	35	45	55	65	75	85
150						
160						
170						
180						
190						

例文 26　練習問題 8（1）「大切な言葉」関数の利用

E3 の数式は「C3 が 5 より大きければ ←5 点超 、そうでなければ何も表示しない」

私の大切な言葉				
項目No.	項目	私（10点満点）	大切比（%）	
1	真	8		←5点超
2	善	5		
3	愛	4		
4	友	7		←5点超
5	金	3		
6	命	10		←5点超
合計		37		

例文 27　練習問題 8（2）「達成度」関数の利用

K3 の数式は「2023 年の順位が 2019 年より上がっていたら△、下がっていたら▼、同じだったら - を表示する」

	A	B	C	D	E
1	SDGs達成度スコア				
2		2016年	2019年	2023年	平均
3	フランス	77.9	81.5	82.0	80.5
4	スウェーデン	84.5	85.0	86.0	85.2
5	ポーランド	69.8	75.9	81.8	75.8
6	日本	75.0	78.9	79.4	77.8

	F	G	H	I	J	K
1		SDGs達成度順位				
2			2016年	2019年	2023年	傾向
3		フランス	11	4	6	△
4		スウェーデン	1	2	2	-
5		ポーランド	38	29	9	▼
6		日本	18	15	21	△

例文 28　練習問題 8（3）「BMI 計算表」数式の入力

BMI の計算は「体重（kg）を身長（m）の 2 乗で割る」

	A	B	C	D	E	F	G	H
1					BMI計算表			
2		身長(cm)	体重(kg)					
3			35	45	55	65	75	85
4		150	15.6					
5		160						
6		170						
7		180						
8		190						

例文 29　練習問題 9（1）「大切な言葉」数式と円グラフの挿入

D3 に「C3～C8 の各値の C9 に対する構成比率（合計に対する、各構成要素の割合）を求める数式」を入力

	A	B	C	D	E
1	私の大切な言葉				
2	項目No.	項目	私（10点満点）	大切比（%）	
3	1	真	8	21.6	←5点超
4	2	善	5	13.5	
5	3	愛	4	10.8	
6	4	友	7	18.9	←5点超
7	5	金	3	8.1	
8	6	命	10	27.0	←5点超
9	合計		37	100.0	
10					

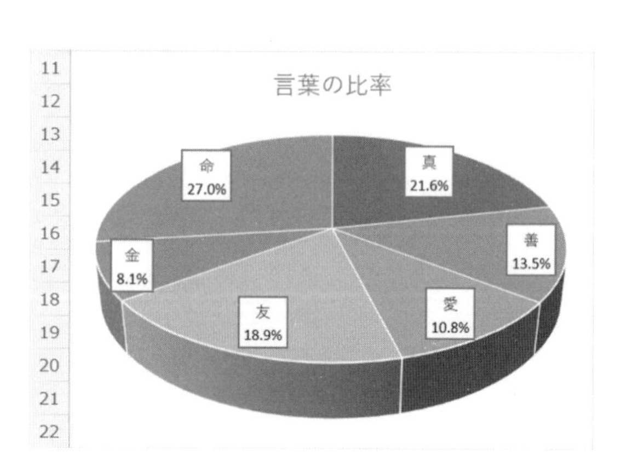

例文 30　練習問題 9（2）「達成度」折れ線グラフの挿入

縦軸を選択して、［書式］コンテキストタブの［選択対象の書式設定］を選ぶと、軸の最小値や反転が設定できる。そのほかの書式はサンプルに見た目をあわせる。

①「スコア」のグラフでは、［行/列の切り替え］を使用。縦軸の最小値を［65］に設定

②「順位」のグラフでは、［行/列の切り替え］を使用。クイックレイアウト 1 を適用。縦軸を反転させて最小値を［1］に設定

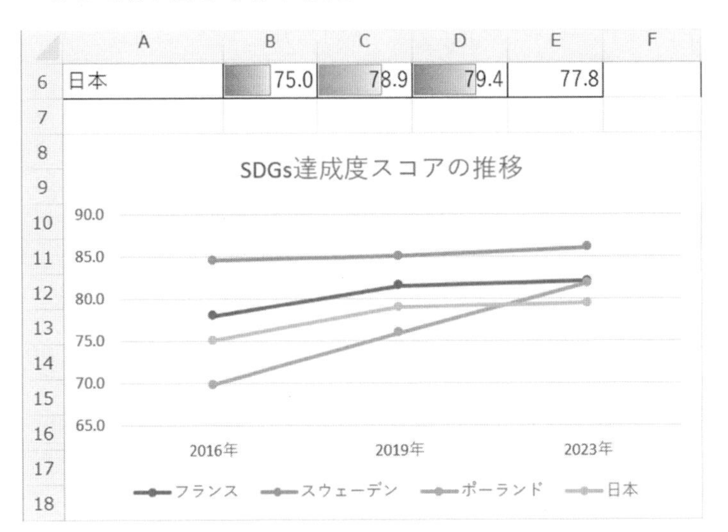

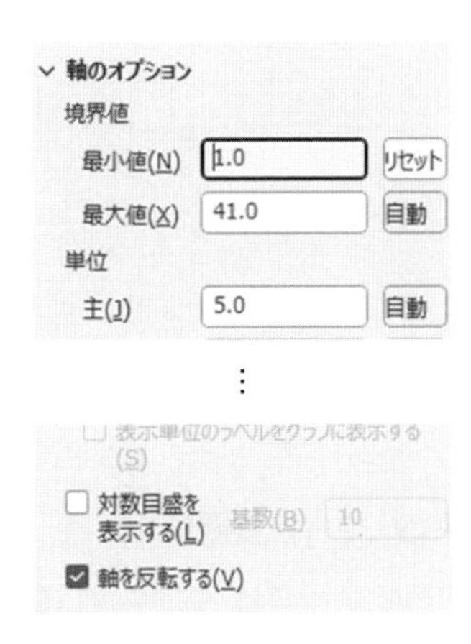

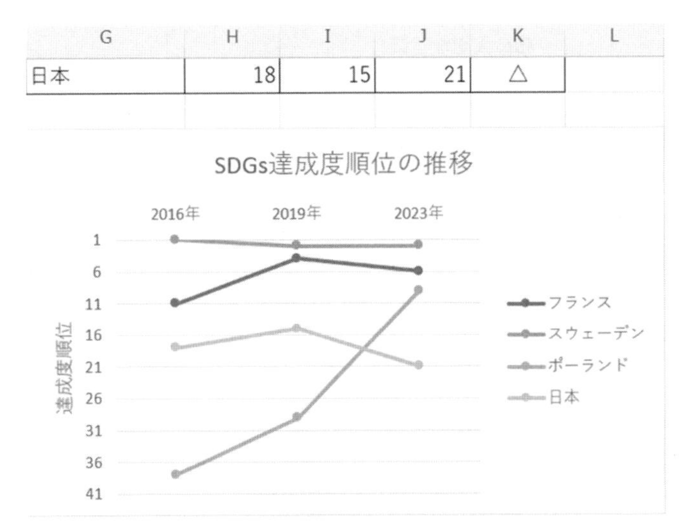

例文 31　練習問題 9（3）「BMI 計算表」数式のコピー

C4 の数式をフィルハンドルで H8 まで 2 段階の手順でコピーする。

①C4 を C8 までコピーする

②C4～C8 がアクティブになった状態で、右下のフィルハンドルをドラッグして H8 までコピーする

	A	B	C	D	E	F	G	H
1		BMI計算表						
2		身長(cm)	体重(kg)					
3			35	45	55	65	75	85
4		150	15.6	20.0	24.4	28.9	33.3	37.8
5		160	13.7	17.6	21.5	25.4	29.3	33.2
6		170	12.1	15.6	19.0	22.5	26.0	29.4
7		180	10.8	13.9	17.0	20.1	23.1	26.2
8		190	9.7	12.5	15.2	18.0	20.8	23.5

＊先に C4～H4 をコピーして、下方向に H8 までコピーしてもよい

例文 32　練習問題 10（1）「大切な言葉」印刷設定

用紙サイズは A4、余白は標準。ヘッダー右に学生番号と氏名、フッター中央にページ番号を表示。

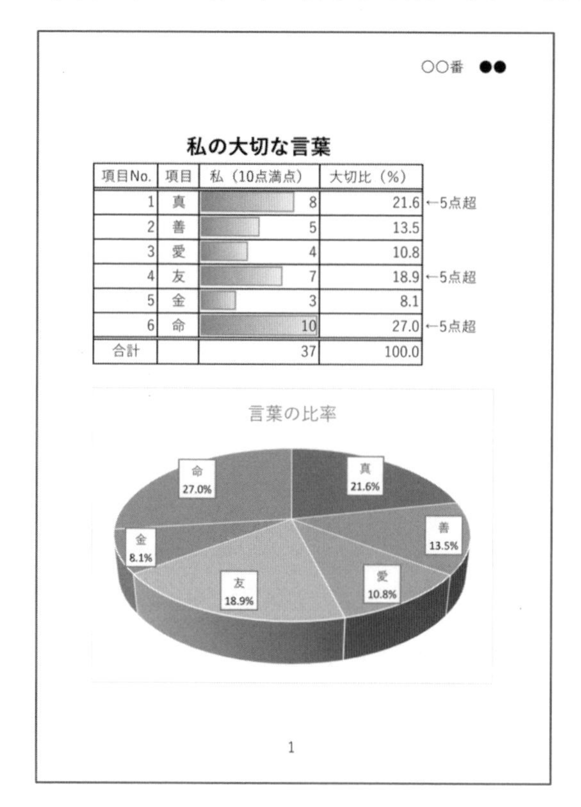

○○番　●●

私の大切な言葉

項目No.	項目	私（10点満点）	大切比（%）	
1	真	8	21.6	←5点超
2	善	5	13.5	
3	愛	4	10.8	
4	友	7	18.9	←5点超
5	金	3	8.1	
6	命	10	27.0	←5点超
合計		37	100.0	

1

例文 33　練習問題 10（2）「サークル名簿」棒グラフの挿入

ID1～5 の 5 人の活躍度を比較する 2-D 棒グラフを入力。

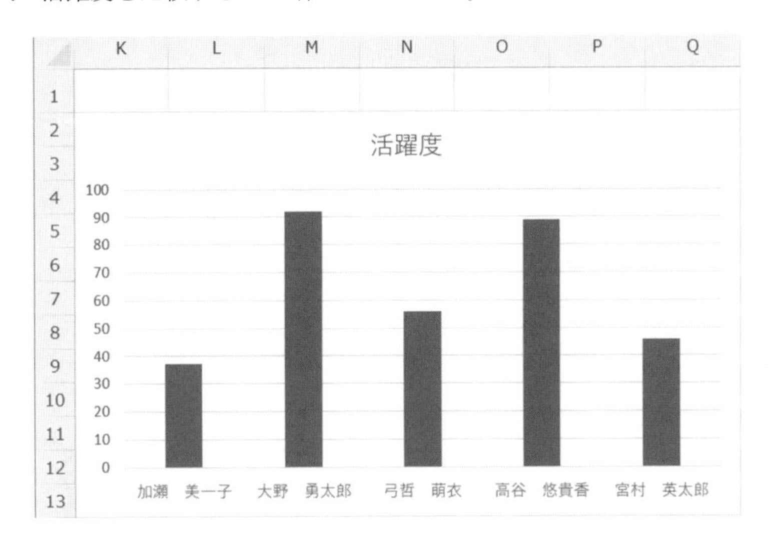

例文 34　練習問題 10（2）「サークル名簿」ピボットテーブルの追加

学年と学部のクロス集計で、集計するのは活躍度の平均。小数第 1 位まで表示。

	A	B	C	D	E	F	G
1							
2							
3	**平均 / 活躍度**	**列ラベル**					
4	**行ラベル**	**医学部**	**経済学部**	**国際学部**	**社会学部**	**文学部**	**総計**
5	1		83.3	74.5	80.7	59.0	73.1
6	2	66.3	69.8	69.5	99.0	68.6	70.6
7	3	55.3	69.0	68.3		72.0	66.0
8	4	70.0	55.5	92.0		64.0	70.4
9	**総計**	**61.3**	**70.4**	**75.2**	**85.3**	**66.3**	**69.8**

例文 35　練習問題 10（3）「BMI 計算表」表とグラフの挿入と印刷

各国の20歳以上の成人男性を対象

BMI計算表

身長(cm)	体重(kg)					
	35	45	55	65	75	85
150	15.6	20.0	24.4	28.9	33.3	37.8
160	13.7	17.6	21.5	25.4	29.3	33.2
170	12.1	15.6	19.0	22.5	26.0	29.4
180	10.8	13.9	17.0	20.1	23.1	26.2
190	9.7	12.5	15.2	18.0	20.8	23.5

国名	BMI
韓国	24.1
日本	23.6
中国	23
アメリカ	28.6
イタリア	26.8
カナダ	27.7

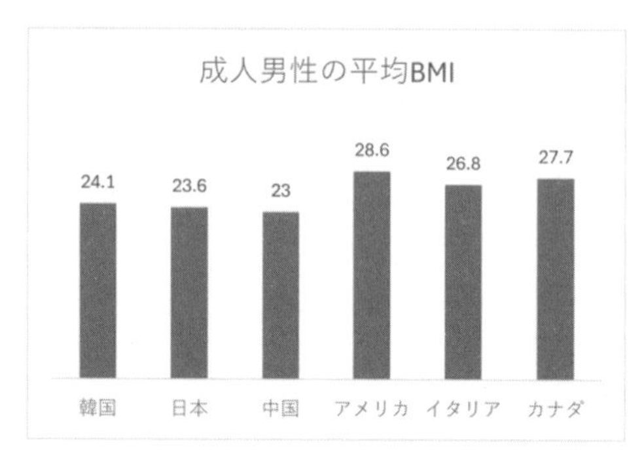

1

例文 36　練習問題 11（1）「日本を旅しよう」

表紙スライドのタイトルを「日本を旅しよう《全国編》」に変更。表紙のあとに 8 枚の新しいスライドを挿入（または、既存スライドをコピーして活用）。以下の内容を入力して、Lesson11 の例題内容に準じて書式を整える。

北海道地方

- 日本列島の北部に位置する
- 北海道

2枚目

北海道地方

- 自然
  - 旭山動物園、富良野、釧路湿原、知床五湖、利尻島など
- 歴史・文化
  - アイヌ文化村、北海道開拓の村など
- 食
  - 札幌ラーメン、ジンギスカン、海鮮料理、スープカレー、スイーツなど

3枚目

東北地方

• 本州の東北部に位置する
• 青森県、秋田県、岩手県、山形県、宮城県、福島県

4枚目

東北地方

• 自然
  • 松島、蔵王、三陸海岸など
• 歴史・文化
  • 中尊寺、弘前城、鶴ヶ城、大内宿、三内丸山遺跡など
• 食
  • 牛タン、きりたんぽ、稲庭うどん、喜多方ラーメンなど

5枚目

関東地方

• 本州の東部に位置する
• 茨城県、栃木県、群馬県、埼玉県、千葉県、東京都、神奈川県

6枚目

関東地方

• 自然
  • 高尾山、江の島、尾瀬ヶ原、華厳の滝、箱根大涌谷など
• 歴史・文化
  • 浅草寺、鶴岡八幡宮、日光東照宮、横浜赤レンガ倉庫など
• 食
  • 寿司、もんじゃ焼き、おでん、宇都宮餃子、ちゃんこ鍋など

7枚目

中部地方

• 本州の中央部に位置する
• 山梨県、長野県、新潟県、富山県、石川県、福井県、静岡県、愛知県、岐阜県

8枚目

中部地方

• 自然
  • 富士山、河口湖、黒部ダム、東尋坊など
• 歴史・文化
  • 兼六園、松本城、善光寺、名古屋城、白川郷など
• 食
  • ひつまぶし、きしめん、みそカツ、戸隠そばなど

9枚目

例文 37　練習問題 11（2）「知的財産権」

段落の折り返しやフォントの設定はサンプル通りにならなくてもよい。

5 枚目の開始番号変更手順

①変更する行にカーソルを置く

②☰（段落番号）の⌄をクリックして、［箇条書きと段落番号］を選ぶ

③［箇条書きと段落番号］ダイアログボックスで A) B) C)（A) B) C)）を選ぶ

④開始を［3］にして、［OK］をクリックする

知的財産権

＃＃＃＃番　＃＃＃＃＃

1枚目

知的財産権とは

- 知的な創作活動によって生み出されたものを財産として保護するために、創作者に対して与えられる権利
- 日本では知的財産基本法、特許法や著作権法などの法律によって保護されている

2枚目

知的財産権の種類①
著作権

A) 著作者の権利（著作権法）
  - ➢文芸、芸術、美術、音楽、プログラム等の著作物を保護
    - 創作の時から著作者の死後50年（法人は公表後50年、映画は公表後70年）

B) 著作隣接権
  - ➢著作物の実演、レコード制作、放送等を保護
    - 実演を行った時から50年

3枚目

知的財産権の種類②
産業財産権

A) 特許権（特許法）
  - ➢「発明」を保護
    - 出願の日から20年（一部25年に延長）

B) 実用新案権（実用新案法）
  - ➢物品の形状等の考案を保護
    - 出願の日から10年

4枚目

知的財産権の種類②
産業財産権

C) 意匠権（意匠法）
  - ➢物品のデザインを保護
    - 登録の日から20年

D) 商標権（商標法）
  - ➢商品・サービスに使用するマーク等の営業標識を保護
    - 登録の日から10年、更新可能

5枚目

知的財産権の種類③
その他

A) 回路配置利用権（半導体集積回路の配置に関する法律）
  - ➢半導体の回路配置を保護
    - 登録の日から10年

B) 育成者権（種苗法）
  - ➢植物新品種を保護
    - 登録の日から25年（樹木は30年）

C) 営業秘密等（不正競争防止法）
  - ➢ノウハウや営業秘密、商品の表示等を保護

6枚目

例文 38　「知的財産権」完成イメージ（練習問題 12（2）終了時）

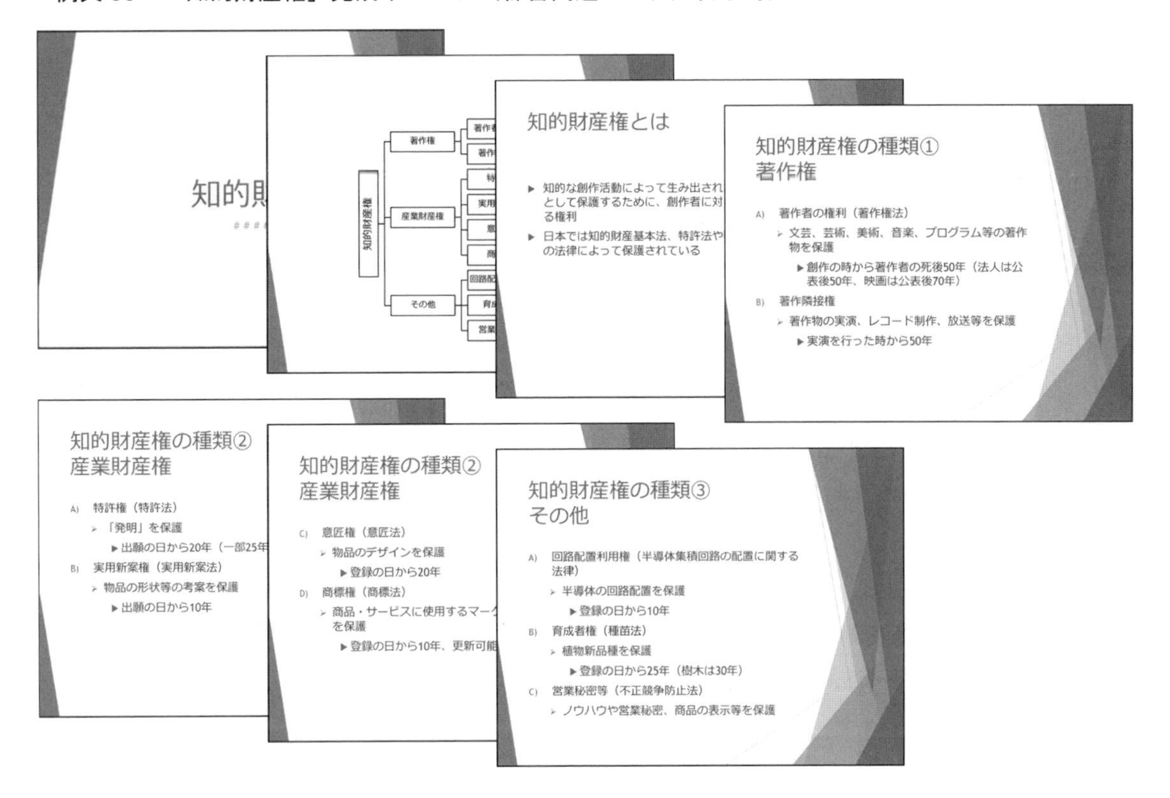

例文 39　練習問題 12（2）「知的財産権」SmartArt の追加

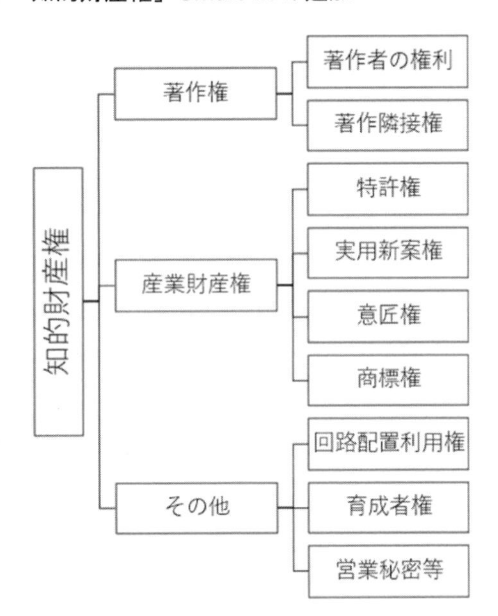

参考１　「レポート作成心得」全文

レポート作成心得

レポートの作成

大学生活が始まると、講義や実習などでレポートを書く機会が増える。またそれらの集大成として卒業論文を作成することになる。この小文ではレポートを作成する際に気をつけておくべきことを、レポート作成[1]の順序に従って示す。

1. 参考文献の収集

1）参考文献

レポートを作成する際に最初に行う作業が、参考となる文献を集める作業である。参考文献は必ずしも本や論文だけではなく、雑誌や新聞の記事、講義の内容、ネット上のドキュメントなど様々な資料がある。また場合によっては、文献だけでなく実験や調査を行った結果なども含まれることがある。

2）文献の集め方

論文や単行本、新聞や雑誌の記事を参考にする際には、図書館などのデータベースを使うことができる。その際には、文献や論文のタイトルがわかっていれば、必要な文献がどこにあるかを的確に知ることができるが、そのトピックのキーワードがわかっていれば、さらに広い範囲の文献を集めることができる。

データベースを用いることには利点が多いが、実際に図書館に行ってそのトピックの単行本を眺めてみるのも有益な方法である。こうすると、データベースの検索でもれていた文献なども手に入ることが意外に多い。

a）新しい文献から集める

当該のトピックについての新しい文献から目を通すことが重要である。一般に、論文や単行本には参考文献が記されていることが多い。このなかから関係のありそうな文献が見つかることが多い。したがって文献はなるべく出版年の新しいものから目を通すことが大切である。

b）ネット上のドキュメント

ネット上には有益なドキュメントが多数公開されている。場合によっては、論文や単行

[1] ここで記されていることはレポートのみではなく、卒業論文を執筆する際にも多く当てはまることである。

1

本の本文そのものも入手可能な場合がある。

しかし、ネット上のドキュメントには著者や出典が書かれていない場合も多く、記されている内容の質は玉石混淆である。このため、ネット上のドキュメントを用いる場合には、この点に関して十分に注意をする必要がある。

3）文献のコピー

文献をコピーする際には、本文だけでなく、その文献の2次情報、すなわち書名や著者、出版年、出版社など、も控えておくことが大切である。レポートを書く際には、末尾に参考文献を載せることが求められることが多い[2]。そのために参考文献の2次情報が手元にあることが大切になる。

2. タイトルの決め方

1）あらかじめタイトルが決められている場合

あらかじめタイトルが決められている場合には、当然そのタイトルでレポートを書くことになる。指定のタイトルがある場合のレポートの内容は、そのタイトルに沿ったものでなくてはならない。内容を書き始める際にはレポートの長さの制限にそって、何を書き、何を省くべきかを決めておかなくてはならない。

2）あらかじめタイトルが決められていない場合

タイトルは、レポートで記す内容を簡潔に表したものでなくてはならないが、できるだけ具体的なタイトルをつけることが望ましい。

たとえば「感情について」では問題が非常に広すぎるので、「感情が動因として果たす役割」などのように、問題を絞って決めることが重要である。このためには「感情が動因として果たす役割について一大学生の友人関係の場合一」などのように副題をつけて、問題をもっと具体的にする方法もある。

3. レポートの構成

レポートは、参考文献を切り貼りして作るものではなく、参考文献から得られた情報を整理し自分の考えを述べるものである。この点は大学でのレポート執筆にとって非常に重要な点であるので、レポート執筆の際には是非とも注意をするべき点である。

---

[2] 参考文献の書式は専門分野ごとに明確に決められている場合が多いが、いずれの場合も挙げられた文献にアクセスできるような情報を載せることが必須になっている。

2

レポート作成心得

1）あらかじめ構成が決められている場合

実験や調査のレポートでは、序論、方法、結果、論議のように構成が決められていることが多い。この場合にはそれぞれのセクションにふさわしい内容を、順番に記していくことになる。

2）自分で構成を考える場合

参考文献で集めた情報を、単に羅列しただけではレポートにならない。この場合には、たとえばそのトピックについての、過去の研究や事実、それに基づいた問題の設定、その問題に対する自分の考えや解答、などのように、自分で構成を考えて記述していくことが重要である。この点は、制限字数が短いレポートの場合にも当てはまる。

この場合に心がけることは、読者に読みやすいような論理の筋道をたてて記述することである。そのためには、この小文で用いているようにレポートを、階層を持った構造として記述することも大いに役に立つ。

4. 文章の作成

1）読みやすい文章

レポートの文章でもっとも大切なことは、読みやすい文章で記述することである。そのために役立ついくつかの点を挙げる。

a）1回読んでわかる文章

文章を通読して、1回でわかる文章を書くことを心がけることが大切である。このためには、自分の書いた文章を黙読して確かめることが非常に役に立つ。

b）主語と述語の対応

たとえば次のような文章を考えてみよう。「私は・・・この説は誤っている。」この文章は「私」を主語として始めながら、それとは意味的に対応しない「誤っている」で終わっている。このような例は実際のレポートに数多く見られるが、これでは「私」が誤っているのか、「この説」が誤っているのか曖昧である。文章を書く際には、主語（主部）と述語（述部）が正確に対応していることが必須である。

c）段落の使い方

ひとつの意味のかたまりを表すのには段落を用いる。適切に段落を用いることによって、レポートを書く際にも論述の筋道を立てやすくなる。また読む側にとっても、文章の論理的な流れがわかりやすくなる。

d）接続詞を使う

段落の冒頭や、複数の文章をつなぐ際に接続詞を用いるのも、文章に論理的な流れを作

3

る上で大切である。

ここで言う接続詞とは「しかし」や「したがって」という語だけでなく、「以上述べた諸点より」といったものも含む。レポートに限ったことではないが、ほとんどどんな文章にも論理の流れがあり、その流れによって読者に意味を伝えている。文芸作品ではない、特にレポートのような事実や考え方を効率的に伝える文章では、文と文、段落と段落のあいだに接続詞をいれることによって、全体の流れが見えやすくなる。

5．引用と剽窃

参考文献やネット上の文章をそのまま、あるいは語尾などを少し変えて、あたかも自分の書いた文章のように見せかけるのは剽窃、すなわち他者の文章からの盗作である。剽窃はどんな短いものであれレポートを書く際には絶対に行ってはならない。

剽窃は

> 他人の詩歌・文章などの文句または説をぬすみ取って、自分のものとして発表すること（広辞苑）

と記されている。

どうしても他者の文章を載せる必要があれば、出典を明記した上で引用すればよい。このためにもレポートの末尾には、参考文献や引用文献を載せることが、多くの場合求められている。

参考２　「サークル名簿」全文

サークル名簿

ID	氏名	シメイ	学部	学年	趣味	活躍度	新人賞
1	加瀬　美一子	カセ　ミイコ	医学部	3	音楽	37	
2	大野　勇太郎	オオノ　ユウタロウ	国際学部	4	動画鑑賞	92	
3	弓哲　萌衣	ユミテツ　モエ	国際学部	1	料理	56	
4	高谷　悠貴香	タカヤ　ユキカ	経済学部	3	動画鑑賞	89	
5	宮村　英太郎	ミヤムラ　エイタロウ	経済学部	3	ゲーム	46	
6	中谷　千恵子	ナカヤ　チエコ	文学部	3	旅行	89	
7	神出　帆卯瑠	カミイデ　ポウル	医学部	3	ゲーム	81	
8	下玉　千一子	シモタマ　チイコ	社会学部	1	スポーツ	91	★
9	平野　左右音	ヒラノ　サラウンド	文学部	2	スポーツ	78	
10	西橋　夏海	ニシハシ　ナツミ	医学部	3	動画鑑賞	52	
11	清谷　衣里	キヨタニ　イリ	文学部	1	音楽	42	
12	村　知香子	ムラ　チカコ	医学部	4	読書	70	
13	児田若　瑛子	コダワカ　エイコ	文学部	3	読書	68	
14	山本　隆輔	ヤマモト　タカスケ	文学部	2	音楽	79	
15	向原　歩舞	ムカイバラ　アユム	経済学部	4	ゲーム	50	
16	猪田　奏輔	イノダ　ソウスケ	社会学部	2	音楽	99	
17	遠田海　直子	トウダウミ　ナオコ	経済学部	4	音楽	61	
18	松崎　汐美子	マツザキ　ナギサ	経済学部	1	音楽	85	★
19	本島　紅里里	モトジマ　クリリ	国際学部	2	料理	62	
20	島井　由美	シマイ　ユミ	国際学部	3	ゲーム	81	
21	河口　美加	カワグチ　ミカ	経済学部	1	音楽	100	★
22	重本　駿郎	シゲモト　トシロウ	医学部	3	動画鑑賞	51	
23	山田　美鈴	ヤマダ　ミスズ	文学部	2	音楽	73	
24	松井菜　博	マツイナ　ヒロシ	社会学部	1	料理	73	★
25	西岡　祥音	ニシオカ　サチネ	文学部	3	動画鑑賞	90	
26	廣田　奈々	ヒロタ　ナナ	文学部	2	音楽	65	
27	世村　竜緒	ヨムラ　タツオ	文学部	1	音楽	51	
28	平上　貴一	ヒラウエ　キイチ	文学部	1	読書	59	
29	津村　浩菜	ツムラ　ヒロナ	経済学部	2	動画鑑賞	78	
30	平浦　正貴	ヒラウラ　マサタカ	国際学部	1	ゲーム	93	★
31	木本　彰輔	キノモト　ショウスケ	経済学部	2	ゲーム	63	
32	藤岡　恵津	フジオカ　エツ	経済学部	2	料理	95	
33	浅田　茉大	アサダ　マヒロ	医学部	2	料理	70	
34	服林　佳美	フクバヤシ　ヨシミ	国際学部	3	旅行	49	
35	有水　嘉美	ウスイ　カミ	医学部	2	音楽	77	
36	辻野　汐太	ツジノ　シオタ	経済学部	3	動画鑑賞	96	
37	中川　春衣	ナカガワ　シュンイ	経済学部	1	動画鑑賞	65	

38	濱野　月大	ハマノ　ジュウゴヤ	国際学部	4	スポーツ	92	
39	野井　由平	ノイ　ヨシヒラ	国際学部	3	スポーツ	75	
40	村吉　朱里	ムラヨシ　アカリ	文学部	4	動画鑑賞	88	
41	内村　大季	ウチムラ　タイキ	文学部	3	ゲーム	41	
42	西田　莉葉	ニシダ　チヨ	医学部	2	音楽	52	
43	小本　紘徳	コモト　ヒロノリ	社会学部	1	動画鑑賞	78	★
44	川田　真月	カワダ　マツキ	文学部	2	ゲーム	48	
45	清谷　佳奈	キヨタニ　カナ	文学部	4	動画鑑賞	40	
46	石野　剛里	イシノ　ゴリ	経済学部	2	音楽	49	
47	辻口　真有	ツジグチ　マユウ	経済学部	3	読書	45	
48	畑　朋子	ハタ　トモコ	国際学部	2	料理	77	
49	菊澤　愛佳	キクサワ　アイカ	経済学部	2	音楽	64	
50	東浦　紅華	ヒガシウラ　ベニカ	文学部	1	読書	84	★

資料 1

ローマ字・かな対応表

あ	あ	い	う	え	お	ぁ	ぃ	ぅ	ぇ	ぉ
	a	i	u	e	o	la	li	lu	le	lo
		yi	wu			xa	xi	xu	xe	xo
							lyi		lye	
							xyi		xye	
							いぇ			
							ye			
						うぁ	うぃ		うぇ	うぉ
						wha	whi		whe	who
							wi		we	
か	か	き	く	け	こ	きゃ	きぃ	きゅ	きぇ	きょ
	ka	ki	ku	ke	ko	kya	kyi	kyu	kye	kyo
	ca		cu		co					
			qu							
	ヵ		ヶ			くゃ		くゅ		くょ
	lka		lke			qya		qyu		qyo
						くぁ	くぃ	くぅ	くぇ	くぉ
						qwa	qwi	qwu	qwe	qwo
						qa	qi		qe	qo
						kwa	qyi		qye	
さ	さ	し	す	せ	そ	しゃ	しぃ	しゅ	しぇ	しょ
	sa	si	su	se	so	sya	syi	syu	sye	syo
		shi				sha		shu	she	sho
		ci		ce						
						すぁ	すぃ	すぅ	すぇ	すぉ
						swa	swi	swu	swe	swo

た	た	ち	つ	て	と	ちゃ	ちぃ	ちゅ	ちぇ	ちょ
	ta	ti	tu	te	to	tya	tyi	tyu	tye	tyo
		chi	tsu			cha	chi	chu	che	cho
						cya	cyi	cyu	cye	cyo
			っ			つぁ	つぃ		つぇ	つぉ
			ltu			tsa	tsi		tse	tso
			xtu			てゃ	てぃ	てゅ	てぇ	てょ
			ltsu			tha	thi	thu	the	tho
						とぁ	とぃ	とぅ	とぇ	とぉ
						twa	twi	twu	twe	two
な	な	に	ぬ	ね	の	にゃ	にぃ	にゅ	にぇ	にょ
	na	ni	nu	ne	no	nya	nyi	nyu	nye	nyo
は	は	ひ	ふ	へ	ほ	ひゃ	ひぃ	ひゅ	ひぇ	ひょ
	ha	hi	hu	he	ho	hya	hyi	hyu	hye	hyo
			fu			ふゃ		ふゅ		ふょ
						fya		fyu		fyo
						ふぁ	ふぃ	ふぅ	ふぇ	ふぉ
						fwa	fwi	fwu	fwe	fwo
						fa	fi		fe	fo
							fyi		fye	
ま	ま	み	む	め	も	みゃ	みぃ	みゅ	みぇ	みょ
	ma	mi	mu	me	mo	mya	myi	my	mye	myo
や	や		ゆ		よ	ゃ		ゅ		ょ
	ya		yu		yo	lya		lyu		lyo
						xya		xyu		xyo
ら	ら	り	る	れ	ろ	りゃ	りぃ	りゅ	りぇ	りょ
	ra	ri	ru	re	ro	rya	ryi	ryu	rye	ryo
わ	わ		う		を	ん				
	wa				wo	n				
	ゎ					nn				
	lwa					n’				
	xwa					xn				

が	が	ぎ	ぐ	げ	ご	ぎゃ	ぎぃ	ぎゅ	ぎぇ	ぎょ
	ga	gi	gu	ge	go	gya	gyi	gyu	gye	gyo
						ぐぁ	ぐぃ	ぐぅ	ぐぇ	ぐぉ
						gwa	gwi	gwu	gwe	gwo
ざ	ざ	じ	ず	ぜ	ぞ	じゃ	じぃ	じゅ	じぇ	じょ
	za	zi	zu	ze	zo	zya	zyi	zyu	zye	zyo
		ji				ja		ju	je	jo
						jya	jyi	jyu	jye	jyo
だ	だ	ぢ	づ	で	ど	ぢゃ	ぢぃ	ぢゅ	ぢぇ	ぢょ
	da	di	du	de	do	dya	dyi	dyu	dye	dyo
						でゃ	でぃ	でゅ	でぇ	でょ
						dha	dhi	dhu	dhe	dho
						どぁ	どぃ	どぅ	どぇ	どぉ
						dwa	dwi	dwu	dwe	dwo
ば	ば	び	ぶ	べ	ぼ	びゃ	びぃ	びゅ	びぇ	びょ
	ba	bi	bu	be	bo	bya	byi	byu	bye	byo
ぱ	ぱ	ぴ	ぷ	ぺ	ぽ	ぴゃ	ぴぃ	ぴゅ	ぴぇ	ぴょ
	pa	pi	pu	pe	po	pya	pyi	pyu	pye	pyo
ヴ	ヴぁ	ヴぃ	ヴ	ヴぇ	ヴぉ	ヴゃ	ヴぃ	ヴゅ	ヴぇ	ヴょ
	va	vi	vu	ve	vo	vya	vyi	vyu	vye	vyo

っ：n以外の子音の連続でも。（itta → いった）

ん：子音の前はn。母音の前はnnまたはn'。（kanni → かんい　kani → かに）

ヴ：ひらがなは無い

ゐ：wiと入力後、漢字変換

ゑ：weと入力後、漢字変換

資料 2

各国語の文字の入力（Microsoft Wordの場合）

直接入力で以下の操作を行います。

作成する文字	キー操作
à, è, ì, ò, ù, À, È, Ì, Ò, Ù	Ctrl ＋ Shift ＋ `@、文字
á, é, í, ó, ú, ý, Á, É, Í, Ó, Ú, Ý	Ctrl ＋ Shift ＋ '7、文字
â, ê, î, ô, û, Â, Ê, Î, Ô, Û	Ctrl ＋ ~^、文字
ã, ñ, õ, Ã, Ñ, Õ	Ctrl ＋ Shift ＋ ~^、文字
ä, ë, ï, ö, ü, ÿ, Ä, Ë, Ï, Ö, Ü, Ÿ	Ctrl ＋ *:、文字
å, Å	Ctrl ＋ `@、a または A
æ, Æ	Ctrl ＋ Shift ＋ &6、a または A
œ, Œ	Ctrl ＋ Shift ＋ &6、o または O
ç, Ç	Ctrl ＋ <,、c または C
ð, Đ	Ctrl ＋ Shift ＋ '7、d または D
ø, Ø	Ctrl ＋ ?/、o または O
¿	Alt ＋ Ctrl ＋ Shift ＋ ?/
¡	Alt ＋ Ctrl ＋ Shift ＋ !1
ß	Ctrl ＋ Shift ＋ &6、s

索引

記号・アルファベット

あ

か

た

な

は

著者略歴

福田　完治（ふくだかんじ）
1964年　兵庫県生まれ
フランス近・現代文学、小説技法
関西学院大学講師
Lesson 1、2、3、4、5、6

森際　孝司（もりぎわたかし）
1962年　兵庫県生まれ
情報科学、教育心理学
京都光華女子大学短期大学部教授
Lesson 7、8、9、10

宇惠　弘（うえひろし）
1964年　広島県生まれ
教育心理学、発達心理学
関西福祉科学大学教授
Word素材提供

治部　哲也（じぶてつや）
1970年　兵庫県生まれ
実験心理学、応用心理学
関西福祉科学大学教授
Lesson 11、12

嶋崎　恒雄（しまざきつねお）
1959年　大阪府生まれ
実験心理学
関西学院大学文学部教授
Word素材提供

2019年4月25日　初　版　第1刷発行
2024年4月17日　改訂版　第1刷発行

Office活用　情報基礎演習［改訂版］
— Word・Excel・PowerPoint —

編　者　福田完治　
著　者　福田完治／治部哲也／森際孝司／嶋崎恒雄／宇惠　弘
発行者　橋本豪夫
発行所　ムイスリ出版株式会社
〒169-0075　東京都新宿区高田馬場4-2-9
Tel.03-3362-9241（代表）　Fax.03-3362-9145
振替 00110-2-102907

カット：山手澄香　ISBN978-4-89641-325-0　C3055

memo

memo

memo

memo